ZEITSCHRIFT FÜR ALLGEMEINE MIKRO-BIOLOGIE

AN INTERNATIONAL JOURNAL ON MORPHOLOGY, PHYSIOLOGY, GENETICS, AND ECOLOGY OF MICROORGANISMS

VOLUME 24 · 1984 · NUMBER 7

AKADEMIE-VERLAG · BERLIN

ISSN 0044-2208 Z. allg. Mikrobiol., Berlin 24 (1984) 7, 425—504 EVP 20,— M

Instructions to Authors

1. The journal publishes original papers, short communications, and review articles. Submission of a paper implies that it has not been published or has not been submitted for publication elsewhere. Manuscripts should be sent in duplicate with one set of the original illustrations to the Editor-in-Chief: Prof. Dr. U. Taubeneck, DDR-6900 Jena, Beutenbergstr. 11.

2. Manuscripts should preferably been written in English but may also be submitted in German. They should be typed double-spaced and be accompanied by a title page comprising: name and address(es) of the institution(s) where the work was done, title of the paper, and the complete name(s) of the author(s). Each paper must begin with a brief summary in English. Original papers should be divided into sections headed: Introduction, Materials and Methods, Results, Discussion, Acknowledgements, and References. A short title for use as running head should be provided. The exact mailing address of the author to whom correspondence, reprint requests *etc.* are to be addressed must be given at the end of the paper.

3. Tables, illustrations, and descriptive legends of the illustrations must be submitted on separate sheets. Each table should have a heading. The size of illustrations should not exceed the maximum printing area of 12 cm × 19 cm or 4.7 inches × 7.5 inches, respectively.

4. Literature citations in the text should be by author and year of publication. If there are more than two authors, only the first should be named, followed by "*et al.*". References should include only publications cited in the text. They should be given in alphabetical order:

   a) Books: Family name(s) and initials of author(s), year of publication. Title of the book. Volume and edition, publisher and place of publication, e. g.:

   BERTHELIN, J., BELGY, G. and MAGNE, R., 1977. Some aspects of the mechanism of solubilization and insolubilization of uranium from granites by heterotrophic microorganisms. In: Bacterial Leaching Conference (W. SCHWARTZ, Editor), pp. 261 to 270. Verlag Chemie Weinheim.

   b) Journals: Family name(s) and initials of author(s), year of publication. Title of the paper. Abbreviated name of the journal, volume (underlined), number of the first and last page, e.g.:

   KÄPPELI, O., MÜLLER, M. and FIECHTER, A., 1978. Chemical and structural alterations at the cell surface of *Candida tropicalis*, induced by hydrocarbon substrate. J. Bacteriol., **133**, 952—958.

5. Galley proofs will be sent to the author in duplicate. One of them should be corrected and returned to the Editor-in-Chief or to Redaktion der Zeitschrift für allgemeine Mikrobiologie, DDR-6900 Jena, Beutenbergstr. 11, as soon as possible.

6. 100 reprints of each paper are provided free of charge. Additional reprints may be purchased at cost price.

ZEITSCHRIFT FÜR ALLGEMEINE MIKRO-BIOLOGIE

AN INTERNATIONAL JOURNAL ON MORPHOLOGY, PHYSIOLOGY, GENETICS, AND ECOLOGY OF MICROORGANISMS

1983 BAND 23

AKADEMIE-VERLAG · BERLIN

Bezugsmöglichkeiten der Zeitschrift für Allgemeine Mikrobiologie:

Bestellungen sind zu richten
— **in der DDR** an eine Buchhandlung, an den Postzeitungsvertrieb oder an den Akademie-Verlag, DDR-1086 Berlin, Leipziger Straße 3—4;
— **im sozialistischen Ausland** an eine Buchhandlung für fremdsprachige Literatur oder an den zuständigen Postzeitungsvertrieb;
— **in der BRD und Berlin (West)** an eine Buchhandlung oder an die Auslieferungsstelle KUNST UND WISSEN, Erich Bieber, OHG, Wilhelmstraße 4—6, D-7000 Stuttgart 1;
— **in den übrigen westeuropäischen Ländern** an eine Buchhandlung oder an die Auslieferungsstelle KUNST UND WISSEN, Erich Bieber, GmbH, Dufourstraße 51, CH-8008 Zürich;
— **im übrigen Ausland** an den Internationalen Buch- und Zeitschriftenhandel; den Buchexport, Volkseigener Außenhandelsbetrieb der Deutschen Demokratischen Republik, DDR-7010 Leipzig, Postfach 160, oder an den AkademieVerlag, DDR-1086 Berlin, Leipziger Straße 3—4.

Zeitschrift für Allgemeine Mikrobiologie

Herausgeber: Im Auftrag des Verlages von einem internationalen Wissenschaftlerkollektiv herausgegeben.
Verlag: Akademie-Verlag, DDR-1086 Berlin, Leipziger Straße 3—4; Fernruf 2236229 oder 2236221; Telex-Nr. 11-4420; Bank: Staatsbank der DDR, Berlin, Kto.-Nr.: 6836-26-20712
Chefredaktion: Prof. Dr. Udo Taubeneck,
Prof. Dr. Wilhelm Schwartz.
Anschrift der Redaktion: Zentralinstitut für Mikrobiologie und experimentelle Therapie der Akademie der Wissenschaften, DDR-6900 Jena, Beutenbergstr. 11; Fernruf: Jena 852200; Telex-Nr. 05-8621.
Veröffentlicht unter der Lizenznummer 1306 des Presseamtes beim Vorsitzenden des Ministerrates der Deutschen Demokratischen Republik.
Gesamtherstellung: VEB Druckerei „Thomas Müntzer", DDR-5820 Bad Langensalza.
Erscheinungsweise: Die Zeitschrift für Allgemeine Mikrobiologie erscheint jährlich in einem Band mit 10 Heften. Bezugspreis je Band 250,— M zuzüglich Versandspesen. (Preis für die DDR 200,— M). Preis je Heft 25,— M (Preis für die DDR 20,— M).

Bestellnummer dieses Bandes: 1070/23.

AN (EDV) 75218

Inhaltsverzeichnis Band 23

Originalarbeiten

Seite

ADISA, V. A. and A. O. FAJOLA: Cellulolytic enzymes associated with the fruit rots of *Citrus sinensis* caused by *Aspergillus aculeatus* and *Botryodiplodia theobromae* . . . 283—288

ADHIKARY, S. P.: Growth measurements by monitoring light scattering of a filamentous blue-green alga which does not give uniform and stable suspension in culture vessels . . . 475—483

AFZAL, M., N. D. NIMER and N. MUHAMMAD: *Streptomyces maghwi*, a new species producing roflamycoin . . . 411—418

AGRAWAL, S. C. and Y. S. R. K. SARMA: Effects of different factors on the sporulation of *Pithophora oedogonia* (MONT.) WITTROCK . . . 347—350

APAIRE, VÉRONIQUE, J. P. GUIRAUD and P. GALZY: Selection of yeasts for single cell protein production on media based on Jerusalem artichoke extracts . . . 211—218

BARTH, G. and H. WEBER: Genetic studies on the yeast *Saccharomycopsis lipolytica*. Inactivation and mutagenesis . . . 147—157

BEHNKE, D. and S. KLAUS: Double or triple sets of replication functions as inverted and direct repeats on *in vivo* reconstructed streptococcal MLS resistance plasmids . . . 539—547

BEZLEPKIN, V. G., YU. YU. MALINOVSKY and A. I. GAZIEV: Formation of additional contacts of chromosome with membrane in the process of DNA repair synthesis in bacterial cells . . . 607—619

BODE, R.: Gen-Enzym-Beziehungen des *arom*-Aggregates von *Schizosaccharomyces pombe* . . . 219—224

BODE, R. und P. CASPER: Allgemeine Kontrolle der Aminosäurebiosynthese in Mutanten von *Candida spec.* EH 15/D . . . 419—427

BODE, R. und G. KUNZE: Reinigung und Gewinnung des *arom*-Aggregates von *Schizosaccharomyces pombe* . . . 289—296

BRÜCKNER, B., I. HÄNEL, F. HÄNEL und R. TRÖGER: Einfluß von Phosphat auf die Bildung von Tentoxin durch *Alternaria alternata* (FR.) KEISSLER . . . 549—556

BUBLITZ, F. und B. VÖLKSCH: Bildung von Phaseolotoxin und Phosphosulfamylornithin durch *Pseudomonas syringae pv. phaseolicola* in Submerskultur . . . 485—490

CHRISTNER, A., E. J. BORMANN and R. REICHE: Relation of anabolic-catabolic glucose utilization in growth-limited cultures of *Streptomyces griseus* . . . 351—358

DUBEY, R. S.: Preparation and partial characterization of *Xanthomonas oryzae* phytotoxin . . . 225—233

EFFENBERGER, W., P. J. MÜLLER and H. BOCKER: Uncoupling of respiration in turimycin fermentations . . . 557—564

EL-SHAROUNY, H. M. M.: Effects of temperature and pH on growth and oospore production of three water-borne *Pythium* . . . 3— 7

EL-SHAROUNY, H. M. M. and F. TIEFENBRUNNER: Water-borne fungi in the River Inn, Innsbruck (Austria) . . . 159—162

FABOYA, O., T. IKOTUN and O. S. FATOKI: Production of oxalic acid by some fungi infected tubers . . . 621—624

FRANKE-RINKER, D., U. BEHRENS, E. NÖCKEL, CH. FORNER und A. PORTNOWA: Gemeinsame Verwertung von Glucose und *n*-Alkanen bei der Citronensäuresynthese durch *Saccharomycopsis lipolytica* . . . 9— 16

FRANKE-RINKER, D., U. BEHRENS und E. NÖCKEL: Enzymatische Untersuchungen zur Citrat-Isocitrat-Akkumulation bei Hefen mit Glucose als C-Quelle . . . 75— 80

GASHE, B. A. and M. M. GRULA: Fluoride-induced filaments of *Erwinia carotovora* . . . 297—301

GRÄFE, U. and J. GUMPERT: Bioconversions of a macrolide glycoside by growing L-form cells of *Streptomyces hygroscopicus* . . . 565—569

GRÄFE, U., G. REINHARDT, D. KREBS, I. ERITT and A. STEUDEL: Effect of the autoregulator from *Streptomyces griseus* JA 5142 on surface cultures of blocked mutant ZIMET 43682 . . . 359—365

GUMPERT, J.: Ultrastructural characterization of core structures and paracrystalline inclusion bodies in L-form cells of streptomycetes . . . 625—633

HALDENWANG, L. and U. BEHRENS: Influence of phosphate concentration on the respiratory activity of *Azotobacter vinelandii* . . . 491—494

Seite

HÄNEL, F., U. GRÄFE, S. M. TRUTKO and V. K. AKIMENKO: Cyanide-resistant respiration in *Streptomyces citreofluorescens* . . . . 429—433

HECKER, M., W. WIEHLE, A. SCHROETER und F. MACH: Replikation und Expression des Plasmids *pBR322* während diskontinuierlicher Kultivierung eines stringent und relaxed kontrollierten Stammes von *Escherichia coli* . . . . 367—374

HÖNES, INGE: Untersuchungen zur Regulation der Enzyme des Glyoxylatzyklus bei *Saccharomycopsis lipolytica*. I. Einfluß der C-Quelle auf die Aktivität von Isocitrat-lyase und Malatsynthase . . . . 163—171

HRMOVÁ, M., E. ŠTURDÍK, M. KOŠÍK, P. GEMEINER and L. PETRUŠ: Growth of *Candida albicans* on artificial D-glucose derivatives . . . . 303—312

JACOB, H.-E. und E. GOLOVINSKY: Wirkungen von 5-Bromuracil und 5-Bromdesoxyuridin in Kombination mit 8-Azaadenin auf die UV-Empfindlichkeit von Bakterien . 495—501

KAMINSKI, U., D. JANKE, H. PRAUSER and W. FRITSCHE: Degradation of aniline and monochloroanilines by *Rhodococcus sp.* An 117 and a pseudomonad: A comparative study . . . . 235—246

LAHOZ, R., FUENSANTA REYES, P. GÓMEZ and M. J. MARTINEZ: Lytic enzyme activity in autolysing mycelium of *Aspergillus niger* . . . . 17— 25

LEUCHTENGERGER, A. und H. RUTTLOFF: Wirkung von Ölen und Fettsäuren auf Wachstum und Enzymbildung bei *Thermoactinomyces vulgaris*. III. Einfluß von Kulturgefäßen, Stammaterial und Medienzusammensetzung . . . . 635—644

LIEBERMANN, B. und B. OERTEL: Bildung und Isolierung des Phytotoxins Tentoxin aus *Alternaria alternata* . . . . 503—511

MAVRINA, L., I. POZMOGOWA und W. SCHADE: Wirkung supraoptimaler Temperaturen auf Wachstum und Entwicklung einer Brennereihefe. I. Wachstum und Entwicklung der Hefe *Saccharomyces cerevisiae* Stamm 193 bei diskontinuierlicher Kultivierung . . . . 571—580

MAVRINA, L. I. POZMOGOWA, I. RABOTNOVA und W. SCHADE: Wirkung supraoptimaler Temperaturen auf Wachstum und Entwicklung einer Brennereihefe. II. Wachstum und Entwicklung der Hefe *Saccharomyces cerevisiae* Stamm 193 bei kontinuierlicher Kultivierung im pH-Stat . . . . 581—587

MÜLLER, R., K. D. MARKUSKE und W. BABEL: Verbesserung der *Y*-Werte bei Wachstum von *Hansenula polymorpha* auf Methanol durch simultane Verwertung von Glucose . . . . 375—384

MÜLLER, H.-G., S. MAUERSBERGER, W.-H. SCHUNCK und B. WIEDMANN: Enzym-Induktion in der Hefe *Lodderomyces* in Gegenwart von *n*-Alkanen . . . . 589—593

MÜLLER, H., A. NAUMANN, R. CLAUS and H.-P. KLEBER: Intracytoplasmic membrane induction by hexadecane in *Acinetobacter calcoaceticus* . . . . 645—651

MÜLLER, P. J., J. H. OZEGOWSKI and H. BOCKER: Regulation of hydrolase formation and phosphate release in turimycin fermentations . . . . 173—180

MÜLLER-KRAFT, GABRIELE und W. BABEL: Regulation der Citratsynthase bei fakultativ methylotrophen Bakterien . . . . 181—187

RIEMAY, K. H., SILVIA ELLRICH und R. TRÖGER: Protoplastenfreisetzung und Regeneration des Ascomyceten *Hypomyces ochraceus* (PERS.) TUL. . . . . 247—257

SARACHEK, A.: Recomginogenic activity of nalidixic acid for artificial hybrids but not for natural strains of *Candida albicans*: Evidence for the monoploidy of natural strains . . . . 385—391

SCHNEIDER, J. D., K.-D. WENDLANDT, E. BRÜHL und G. MIRSCHEL: Effektorwirkung von sauerstoffhaltigen C_1-Verbindungen bei der Kultivierung des methanotrophen Bakterienstammes GB 25 . . . . 259—268

SCHUNCK, W.-H., P. RIEGE, H. HONECK und H.-G. MÜLLER: Isolierung und Rekonstitution des Alkan-Monooxygenase-Systems der Hefe *Lodderomyces elongisporus* . . 653—664

SHIVAROVA, N., W. FÖRSTER, H.-E. JACOB and R. GRIGOROVA: Microbiological implications of electric field effects. VI. Stimulation of plasmid transformation of *Bacillus cereus* protoplasts by electric field pulses . . . . 595—599

SINGH, R. K., B. D. SINGH and H. N. SINGH: Inhibition of photosystem II of nitrogen-fixing blue-green alga *Nostoc linckia* by the rice-field herbicide benthiocarb . . . . 435—441

STRAUSS, D. G. und U. BERGER: Methylosin A und B, Pigmente aus *Methylosinus trichosporium* . . . . 665—672

TRIPATHI, S. N.: Effect of temperature on chlorophyll stability of some subaerial blue-green algae . . . . 443—446

TSCHÄPE, H. and E. TIETZE: Characterization of conjugative plasmids belonging to a new incompatibility group (IncZ) . . . . 393—401

Seite

Wünsche, L., H. Fischer und B. Kiesel: Lysogenie und lysogene Konversion bei methylotrophen Bakterien. I. Nachweis des lysogenen Zustandes des fakultativ methanolassimilierenden Stammes *Acetobacter* MB 58/1 und Charakterisierung seines temperenten Phagen MO 1 . . . . 81— 94

Wünsche, L., B. Kiesel und H. Fischer: Lysogenie und lysogene Konversion bei methylotrophen Bakterien. II. Lysogene Konversion bei fakultativ methanolassimilierenden *Acetobacter*-Stämmen . . . . 189—196

Zapkin, M. A. and H. L. Ehrlich: A comparison of manganese oxidation by growing and resting cells of a freshwater bacterial isolate, strain FMn 1 . . . . 447—455

Zindulis, J. and H. L. Ehrlich: A novel Mn^{2+}-oxidizing system in a freshwater bacterium . . . . 457—465

Kurze Originalmitteilungen

Seite

Agrawal, P. K., C. S. Bhatt and L. Viswanathan: Inhibition of fungal $NADP^+$-isocitrate dehydrogenase by citric acid . . . . 403—406

Fleck, W. F., B. Heyn und H.-P. Schröer: Biologische Wirkungen von Koordinationsverbindungen der Übergangsmetalle. β-Lactamasen-inhibitorische Wirksamkeit von Cis-Platin, 2-Aminopyridinpalladium-chlorid, Clavulansäure und Penicillansäure-Sulfon CP 45899 im Nitrocefin-Test und TITERTEK/Microtiter-Automatensystem . . . . 313—317

Gaberc-Porekar, V., M. Didek-Brumec and H. Sočič: Direct selection of active *Claviceps* colonies on agar plates . . . . 95— 98

Hesse, G.: Bemerkungen zur Chemie der Aufstellung von Energiebilanzen mikrobieller Prozesse . . . . 99—102

Johannssen, W.: Elektronenmikroskopische Untersuchung an Komplexen von DNA mit der Restriktionsendonuclease *Sal*GI . . . . 197—201

Kretschmer, S. and H.-E. Jacob: Autolysis of *Thermoactinomyces vulgaris* spores lacking carbon dioxide during germination . . . . 27— 32

Kurischko, C., S. G. Inge-Vechtomow and H. Weber: Development of breeding stocks of the yeast *Saccharomycopsis lipolytica* by methods of moderate inbreeding . . . . 513—515

Laires, A., I. Spencer-Martins and N. van Uden: Use of D-glucosamine and 2-deoxyglucose in the selective isolation of mutants of the yeast *Lipomyces starkeyi* derepressed for the production of extracellular endodextranase . . . . 601—603

Madeira-Lopes, A. and N. van Uden: Effects of cycloheximide in the temperature profile of *Saccharomyces cerevisiae* . . . . 467—469

Müller, P. J., A. Christner and J. H. Ozegowski: Sequential processes of phosphate limitation and of phosphate release in streptomycin fermentations . . . . 269—273

Römer, W. and P. J. Müller: Parallel regulation of cAMP phosphodiesterase and phosphatase activities in turimycin fermentations . . . . 203—206

Schneider, J. K., K.-D. Wendlandt, E. Brühl und G. Mirschel: Einfluß sauerstoffhaltiger C_1-Verbindungen auf das Wachstum methanassimilierender Bakterien 33—35

Sammelberichte

Gräfe, U.: Sekundärmetabolite als endogene Effektoren der mikrobiellen Cytodifferenzierung . . . . 319—343

Hecker, M.: Molekularbiologie der Keimung von *Bacillus*-Sporen . . . . 517—535

Riedel, K.: Nucleosidpolyphosphate: Vorkommen, Metabolismus und Funktion . . . 103—141

Weide, H.: Mikrobielle Verwertung von Mischsubstraten . . . . 37— 70

Buchbesprechungen

Seite

AHLERS, J., A. ARNOLD, F. R. VON DÖHREN und H. W. PETERS: Enzymkinetik (2. erweiterte Auflage). Stuttgart-New York 1982 71
BLOBEL, H. und TH. SCHLIESSER (Herausgeber): Handbuch der bakteriellen Infektionen bei Tieren. Band IV. Jena 1982 143
BREITIG, G. und W. VON TÜMPLING (Herausgeber): Ausgewählte Methoden der Wasseruntersuchung, Band II: Biologische, mikrobiologische und toxikologische Methoden (2. überarbeitete und erweiterte Auflage). Jena 1982 428
BRYAN, L. E.: Bacterial Resistance and Susceptibility to Chemotherapeutic Agents. Cambridge 1982 428
BUSHELL, M. E. and J. H. SLATER (Editors): Mixed Culture Fermentations. London-New York-Toronto-Sydney-San Francisco 1981 275
BU'LOCK, J. D., L. J. NISBET and D. J. WINSTANLEY (Editors): Bioactive Microbial Products: Search and Discovery. London-New York-Paris-San Diego-San-Francisco-Sao Paulo-Sydney-Tokyo-Toronto 1982 143
Current Topics in Microbiology and Immunology, Vol. 99: Structure and Assembly of Alphaviruses. Berlin-Heidelberg-New York 1982 207
Current Topics in Microbiology and Immunology, Vol. 100: T Cell Hybridomonas. Berlin-Heidelberg-New York 1982 207
CZEGLÉDI, B. (Editor): Proceedings of the International Conference on Use of Microorganisms in Hydrometallurgy, Pecs 4.—6. December 1980. Pecs 1981 71
DALTON, H. (Editor): Microbial Growth on C_1 Compounds (Proceedings of the Third International Symposium held in Sheffield, UK, 12.—16. August 1980). London-Philadelphia-Rheine 1981 434
DOLL, R.: Die Flechten — eine Einführung. Wittenberg 1982. 207
DRÖSSLER, K.: Wörterbücher der Biologie — Immunologie. Jena 1982 484
EDWARDS, D. J.: Antimicrobial Drug Action. London-Basingstoke 71
FIECHTER, A. (Editor): Reactors and Reactions. Berlin 1981 366
GIGASE, P. L. and E. A. E. VAN MARCK (Editors): Contributions to Microbiology and Immunology, Vol. 7): From Parasitic Infection to Parasitic Disease (Colloquium on the Pathogenesis of Disease Induced through Parasites as Compared to Other Noxious Agents; December 11—13, 1981). Basel 1983. 442
GRÖGER, D. und S. JOHNE: Mikrobielle Gewinnung von Arzneistoffen. Berlin 1982 275
HÄUSLER, J.: Süßwasserflora von Mitteleuropa, Band 20: Schizomycetes (Bakterien). Jena 1982 484
HERSCOWITZ, H. B., H. T. HOLDEN, J. A. BELLANZI and A. GHAFFAR (Editors): Manual of Macrophage Methodology — Collection, Characterization, and Function. New York-Basel 1981 275
HOLLAND, H. D. and M. SCHIDLOWSKI (Editors): Mineral Deposits and the Evolution of the Biosphere. Berlin-Heidelberg-New York 1982 72
HOLLAENDER, A., R. D. DEMOSS, S. KAPLAN, J. KONISKY, D. SAVAGE and R. S. WOLFE (Editors): Genetic Engineering of Microorganisms for Chemicals. New York-London 1982 442
HOPPE, W., W. LOHMANN, H. MARKS und H. ZIEGLER (Herausgeber): Biophysik (2. völlig neu bearbeitete Auflage). Berlin-Heidelberg-New York 1982 276
HORIKOSHI, K.- and T. AKIBA: Alkalophilic Microorganisms, a new Microbial World. Tokyo und Berlin-Heidelberg-New York 1982 276
IIZUKA, H. and A. NAITO: Microbial Conversion of Steroids and Alkaloids. Berlin-Heidelberg-New York 1981 144
INOUYE, M. (Editor): Bacterial Outer Membranes: Biogenesis and Functions. New York-Chichester-Brisbane-Toronto 1979 208
JEFFERS, J. N. R.: Outline Studies in Ecology — Modelling. London-New York 1982 548
KANDLER, O.: Archaebacteria (Proceedings of the 1st International Workshop on Archaebacteria, Munich, June 27th—July 1st 1981). Stuttgart-New York 1982 392
KLINGMÜLLER, W. (Editor): *Azospirillum.* Genetics, Physiology, Ecology (Workshop held at the University of Bayreuth, Germany, July 16—17, 1981). Basel-Boston-Stuttgart 1982 456
LEVINSON, H. S., A. L. SONENSHEIN and D. J. TIPPER (Editors): Sporulation and Germination (Proceedings of the Eight International Spore Conference. Woods Hale, Massachusetts, 9—12 October 1980). Washington 1981 402
LIBBERT, E. (Herausgeber): Allgemeine Biologie (4. Auflage). Jena 1982 502
LIEBERMANN, H.: Reinigung und Konzentrierung animaler Viren. Jena 1982 456

Seite

LINTON, A. H.: Microbes, Man and Animals. The Natural History of Microbial Interactions. Chichester-New York-Brisbane-Toronto-Singapore 1982 276
MAYR, A., P. A. BACHMANN, B. MAYR-BIBRACK und G. WITTMANN: Virologische Arbeitsmethoden, Band IV: Sicherheit bei virologischen Arbeiten — Biometrische Methoden. Jena 1982 548
MCCLUNG, L. S.: The Anaerobic Bacteria. Their Activities in Nature and Disease. Part I, Vols. 1—5, Part II, Vols. 1—2. New York-Basel 1982 466
MOO-YOUNG, M., C. W. ROBINSON and C. VEZINA (Editors): Advances in Biotechnology, Vol. I: Scientific and Engineering Principles. Toronto-Oxford-New York-Sydney-Paris-Frankfurt 1981 470
MOO-YOUNG, M., C. VEZINA and K. SINGH (Editors): Advances in Biotechnology, Vol. III: Fermentation Products. Toronto-Oxford-New York-Sydney-Paris-Frankfurt 1981 . . . 470
MOSES, V. and D. G. SPRINGHAM: Bacteria and the Enhancement of Oil Recovery. London New Jersey 1982 144
MÜLLER, E. und W. LOEFFLER: Mykologie, Grundriß für Naturwissenschaftler und Mediziner (4. überarbeitete und erweiterte Auflage). Stuttgart-New York 1982 277
NOLTING, S. K. und K. FEGELER: Medizinische Mykologie. Berlin-Heidelberg-New York 1982 570
NORRIS, J. R. and M. H. RICHMOND (Editors): Essays in Applied Microbiology. Chichester-New York-Brisbane-Toronto 1981 277
OLSON, L. C. (Editor): Virus Infections: Modern Concepts and Status (Microbiology Series, Vol. 6). New York 1982 471
ONIONS, A. H. S., D. ALLSOPP and H. O. W. EGGINS: SMITH's Introduction to Industrial Mycology (7th Edition). London 1982 278
POTEL, J.: Klinische Mikrobiologie. Bakteriologie—Mykologie—Parasitologie. Stuttgart-New York 1982 570
QUAYLE, J. R. and A. T. BULL (Editors): New Dimensions in Microbiology: Mixed Substrates, Mixed Culture and Microbial Communities. London 1982 402
RAIKOV, I. B.: Cell Biology Monographs, Vol. 9: The Protozoan Nucleus — Morphology and Evolution. Wien-New York 1982 588
RATLEDGE, C. and J. STANFORD (Editors): The Biology of the Mycobacteria, Vol. I: Physiology Identification and Classification. London-New York-Paris-San Diego-San Francisco-Sao Paulo-Sydney-Tokyo-Toronto 1982 471
ROBERTS, T. A., G. HOBBS, J. H. B. CHRISTIAN and N. SKOVGAARD (Editors): Psychrotrophic Microorganisms in Spoilage and Pathogenicity. London-New York-Toronto-Sydney-San Francisco 1982 278
ROSE, A. H. (Editor): Economic Microbiology, Vol. 6: Microbial Biodeterioration. London-New York-Toronto-Sydney-San Francisco 1981 278
RUTTLOFF, H. (Herausgeber): Mikrobielle Enzymproduktion (VII. Reinhardsbrunner Symposium der Sektion Mikrobiologie der Biologischen Gesellschaft der DDR, 6.—12. Mai 1979, Reinhardsbrunn). Berlin 1981 407
SAUER, H. W.: Developmental Biology of *Physarum* (Developmental and Cell Biology 11), Cambridge 1982 502
SCHAAL, K. P. and G. PULVERER (Editors): Actinomycetes (Proceedings of the Fourth International Symposium on Actinomycete Biology, Cologne, September 3—7, 1979) 407
SCHIMKE, R. T. (Editor): Gene Amplification. Cold Spring Harbor 1982 208
SCHLEIF, R. F. and P. C. WENSIK: Practical Methods in Molecular Biology. Berlin-Heidelberg-New York 1981 279
SCHLESINGER, M. J., M. ASHBURNER and A. TISSIERES (Editors): Heat Shock: From Bacteria to Man. Cold Spring Harbor 1982 594
SCHNELL, J. D.: Vaginalmykose und perinatale Pilzinfektion. Basel 1982 144
SCOPES, R. K.: Protein Purification: Principles and Practice. Berlin-Heidelberg-New York 1982 600
SELTMANN, G.: Die bakterielle Zellwand. Jena 1982 471
SERFLING, E.: Struktur und Expression der Gene höherer Organismen. Jena 1982 600
SHATKIN, A. J. (Editor): Initiation Signals in Viral Gene Expression. Berlin-Heidelberg-New York 1981 279
SINGLETON, P. and D. SAINSBURY: Introduction to Bacteria for Students in the Biological Sciences. Chichester-New York-Brisbane-Toronto 1981 72
SPECTOR, L. B.: Covalent Catalysis by Enzymes. New York-Heidelberg-Berlin 1982 407
STARR, M. P., J. L. INGRAHAM and A. BALOWS (Editors): Annual Review of Microbiology, Vol. 35. Palo Alto 1981 279

Seite

STARR, M. P., A. BALOWS and J. A. SCHMIDT (Editors): Annual Reviews in Microbiology, Vol. 36. Palo Alto 1982 512
STRATHERN, J. N., E. W. JONES and J. R. BROACH (Editors): The Molecular Biology of the Yeast *Saccharomyces*, Monograph 11 A: Life Cycle and Inheritance. Cold Spring Harbor 1981 280
UMEZAWA, H. and I. R. HOOPER (Editors): Aminoglycoside Antibiotics. Berlin-Heidelberg-New York 1982 604
WEBER, H.: Zellbiologie und Genetik der Hefen. Methoden und Arbeitstechniken. Berlin 1982 472
WELLS, K. and E. K. WELLS (Editors): Basidium and Basidiocarp. Evolution, Cytology, Function, and Development. New York-Heidelberg-Berlin 1982 472
WERNER, D.: Biologische Versuchsobjekte. Kultivierung und Wachstum ausgewählter Versuchsorganismen in definierten Medien. Stuttgart-New York 1982 408
WESTLEY, J. W. (Editor): Polyether Antibiotics — Naturally Occurring Acid Ionophores, Vol. 1: Biology. New York-Basel 1982 516
WICKLOW, D. T. and G. C. CARROLL (Editors): The Fungal Community: Its Organization and the Role in the Ecosystem. New York 1981 208
WILDFÜHR, G. und W. WILDFÜHR (Herausgeber): Medizinische Mikrobiologie, Immunologie und Epidemiologie Band IV, 1. und 2. Teil (2. neubearbeitete Auflage). Leipzig 1982 536

ZEITSCHRIFT FÜR ALLGEMEINE MIKRO-BIOLOGIE

AN INTERNATIONAL JOURNAL ON MORPHOLOGY, PHYSIOLOGY, GENETICS, AND ECOLOGY OF MICROORGANISMS

VOLUME 24 · 1984 · NUMBER 7

AKADEMIE-VERLAG · BERLIN

Die Zeitschrift für allgemeine Mikrobiologie soll dazu beitragen, Forschung und internationale Zusammenarbeit auf dem Gebiet der Mikrobiologie zu fördern. Es werden Manuskripte aus allen Gebieten der allgemeinen Mikrobiologie veröffentlicht. Arbeiten über Themen aus der medizinischen, landwirtschaftlichen, technischen Mikrobiologie und aus der Taxonomie der Mikroorganismen werden ebenfalls aufgenommen, wenn sie Fragen von allgemeinem Interesse behandeln.

Zur Veröffentlichung werden angenommen:

Originalmanuskripte, die in anderen Zeitschriften noch nicht veröffentlicht worden sind und in gleicher Form auch nicht in anderen Zeitschriften erscheinen werden. Der Umfang soll höchstens 1½ Druckbogen (24 Druckseiten) betragen. Bei umfangreicheren Manuskripten müssen besondere Vereinbarungen mit der Schriftleitung und dem Verlag getroffen werden.
Kurze Originalmitteilungen über wesentliche, neue Forschungsergebnisse. Umfang im allgemeinen höchstens 4 Druckseiten. Kurze Originalmitteilungen werden beschleunigt veröffentlicht.
Kritische Sammelberichte und Buchbesprechungen nach Vereinbarung mit der Schriftleitung.

Terms of Subscription

Orders for the journal can be sent

- *in the GDR*: to a book-shop, or to the Akademie-Verlag, DDR-1086 Berlin, Leipziger Str. 3–4;
- *in the other socialist countries*: to a book-shop for foreign language literature or to the competent news-distributing agency;
- *in the FRG and Berlin (West)*: to a book-shop or to the wholesale distribution agency Kunst und Wissen, Erich Bieber OHG, Wilhelmstr. 4–6, D-7000 Stuttgart 1;
- *in the other Western European countries*: to Kunst und Wissen, Erich Bieber GmbH, Dufourstr. 51, CH-8008 Zürich;
- *in other countries*: to the international book- and journal-selling trade, to Buchexport, Volkseigener Außenhandelsbetrieb der DDR, DDR-7010 Leipzig, Postfach 160, or to the Akademie-Verlag, DDR-1086 Berlin, Leipziger Str. 3–4.

Zeitschrift für allgemeine Mikrobiologie

Herausgeber: Im Auftrag des Verlages von einem internationalen Wissenschaftlerkollektiv herausgegeben.
Verlag: Akademie-Verlag, DDR-1086 Berlin, Leipziger Straße 3–4; Fernruf: 2236229 oder 2236201; Telex-Nr.: 114420; Bank: Staatsbank der DDR, Berlin, Kto.-Nr. 6836-26-20712.
Chefredaktion: Prof. Dr. UDO TAUBENECK.
Anschrift der Redaktion: Zentralinstitut für Mikrobiologie und experimentelle Therapie der Akademie der Wissenschaften, DDR-6900 Jena, Beutenbergstr. 11; Fernruf: Jena 852487; Telex-Nr. 058621.
Veröffentlicht unter der Lizenznummer 1306 des Presseamtes beim Vorsitzenden des Ministerrates der Deutschen Demokratischen Republik.
Gesamtherstellung: VEB Druckerei „Thomas Müntzer", DDR-5820 Bad Langensalza.
Erscheinungsweise: Die Zeitschrift für allgemeine Mikrobiologie erscheint jährlich in einem Band mit 10 Heften. Bezugspreis je Band 250,– M zuzüglich Versandspesen (Preis für die DDR 200,–M). Preis je Heft 25,– M (Preis für die DDR 20,– M).

Erscheinungstermin: Juli 1984.

Bestellnummer dieses Heftes: 1070/24/7.

AN (EDV) 75218

Zeitschrift für allgemeine Mikrobiologie 24 (1984) 7, 427–435

(Akademie der Wissenschaften der DDR, Forschungszentrum für Molekularbiologie und Medizin, Zentralinstitut für Mikrobiologie und experimentelle Therapie, Jena und Sektion Biologie der Friedrich-Schiller-Universität Jena, Technische Mikrobiologie[1])

Dynamic model of discontinuous and continuous phaseolotoxin production of *Pseudomonas syringae* pv. *phaseolicola*

R. GUTHKE, J. NÜSKE[1]), R. SCHORCHT, W. FRITSCHE[1]) and W. A. KNORRE

Dedicated to Prof. Dr. F. BERGTER on the occasion of his 60th birthday

(Eingegangen am 4. 1. 1983)

From experimental data of kinetics of growth, glucose consumption and product formation of *Pseudomonas syringae* pv. *phaseolicola* the development and parameter estimation of a mathematical model is presented. The model describes the behaviour of both, batch and chemostat culture, as well as for different temperatures. The model is favoured for dynamic optimization studies. Maximal productivity is reached in the chemostat for a dilution rate which is only a little bit smaller than the wash out point.

The mathematical modelling of fermentation processes has been used recently for quantification, optimization and control of the process kinetics (KNORRE *et al.* 1982). The success of model aided optimization and control depends on the validity of the predictive model. Fitted models for microbial product formation, which were successfull in the extrapolation from batch cultivation to chemostat, are rare. Examples are given by OHNO *et al.* (1976) for the lysin fermentation and by IMANAKA *et al.* (1977) for the α-galactosidase production. The purpose of this work is the development of a mathematical model which is valid for both batch and chemostat culture of the phaseolotoxin-producing bacterium *Pseudomonas sysingae* pv. *phaseolicola* (MITCHELL 1976, NÜSKE 1984), to evaluate the model parameters for different conditions and to discuss the model with respect to process optimization.

Materials and methods

Pseudomonas syringae pv. *phaseolicola* 1321 was cultivated in a glucose-mineral-salt-medium: 8.8 g glucose, 2.6 g KH_2PO_4, 6.9 g $Na_2HPO_4 \cdot 2\,H_2O$, 2.5 g NH_4Cl, 1 g Na_2SO_4, 0.01 g $FeSO_4$, 0.01 g $MnSO_4$, 0.05 g $MgCl_2$ per liter aqua dest. for discontinuous fermentation and 4 g glucose, 1.3 g KH_2PO_4, 3.45 g $Na_2HPO_4 \cdot 2\,H_2O$, 1.25 g NH_4Cl, 0.5 g Na_2SO_4, 0.005 g $FeSO_4$, 0.005 g $MnSO_4$, 0.025 g $MgCl_2$ per liter aqua dest. for continuous fermentation.

The BIOTEC-fermentation device (New Brunswick, USA) with 300 ml cultivation volume was used for chemostat cultures and the LKB-fermentation-system ultraferm 1601 with 3 l cultivation volume for batch cultures. The temperature at different levels (18 °C, 20 °C, 22 °C for batch cultures, 21 °C for chemostat), the pH-value (pH = 6.8) were controlled as well as the dilution rate for the glucose-limited chemostat ($D = 0.03\ h^{-1}$, $0.048\ h^{-1}$, $0.067\ h^{-1}$, $0.074\ h^{-1}$ and $0.096\ h^{-1}$). The glucose concentration was determined by the glucoseoxydase test, the "Fermognost"-test (VEB Arzneimittelwerk Dresden, GDR) and the biomass concentration was estimated by absorbance (optical density) measurement using the SPECOL (VEB CARL ZEISS Jena, GDR), wave length 578 nm.

The concentration of the product phaseolotoxin was determined by a biological (*E. coli* inhibition zone measurement) method as described earlier (BUBLITZ and VÖLKSCH 1983).

For the numerical data analysis, model simulation and first parameter estimation the hybrid-computer system HRA 7201 was used, which consists of the minicomputer KRS 4201 (VEB ROBOTRON, GDR) and the hybrid analog computer ADT 3000 (ARITMA, CSSR). Then the parameter identification was improved by minimization of the sum of deviation squares using a digital simulation system and POWELL's algorithm (POWELL 1964) on the ESER-computer ES 1040 (SCHORCHT 1983).

Results

Discontinuous culture

Fig. 1 shows the experimental data of a representative fermentation run of the phaseolotoxin production as studied systematically by NÜSKE (1984).

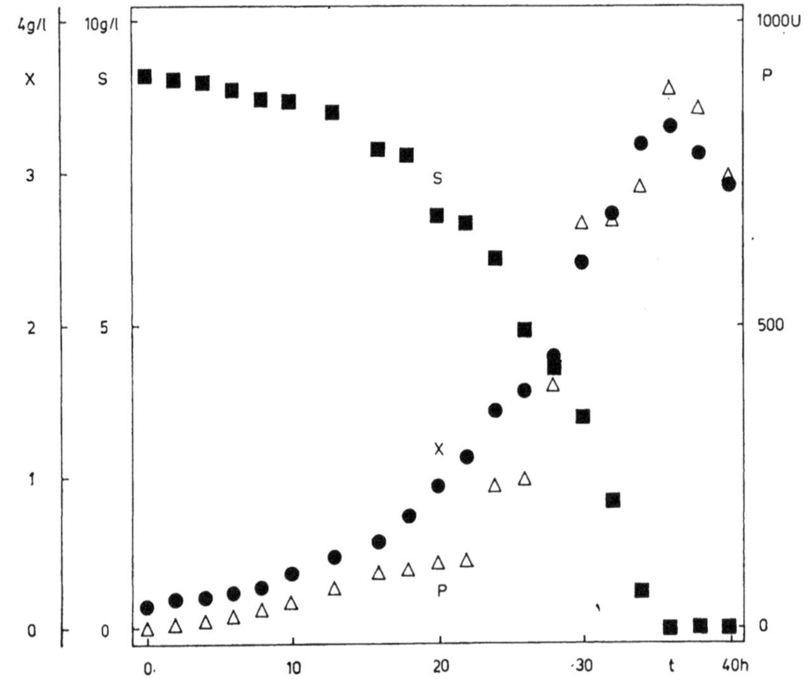

Fig. 1
Experimental data of discontinuous growth, glucose consumption and phaseolotoxin production with the cultivation temperature 18 °C. Symbols X (●) — biomass concentration, S (■) — glucose concentration, P (△) — phaseolotoxin in units (U)

As the first step of data analysis the specific growth rate $\mu = \dot{x}/x$ and the yield coefficient $y = -\dot{x}/\dot{s}$ can be estimated by linear regression of the data set (t_i, x_i, s_i) for the growth phase, *i.e.* for i = 0, ..., 17, using the linear relations

$$\ln (x_i/x_0) = \mu(t_i - t_0)$$

and

$$x_i = y(s_0 - s_i) + x_0 \, .$$

Fig. 2 shows the data x_i versus s_i from which the yield coefficient $y = 0.355 \pm 0.017$ was calculated. The linear regression of $\ln (x_i/x_0)$ versus t_i for i = 0, ..., 17 gives the specific growth rate $\mu = (0.0915 \pm 0.0033)\ \mathrm{h}^{-1}$. The correlation coefficients r are 0.996 and 0.998, respectively.

Fig. 3 and 4 show the result of the next step of kinetic data analysis. By the hybrid computer program MYKP (REIMANN and MUND 1984) the original data were smoothed

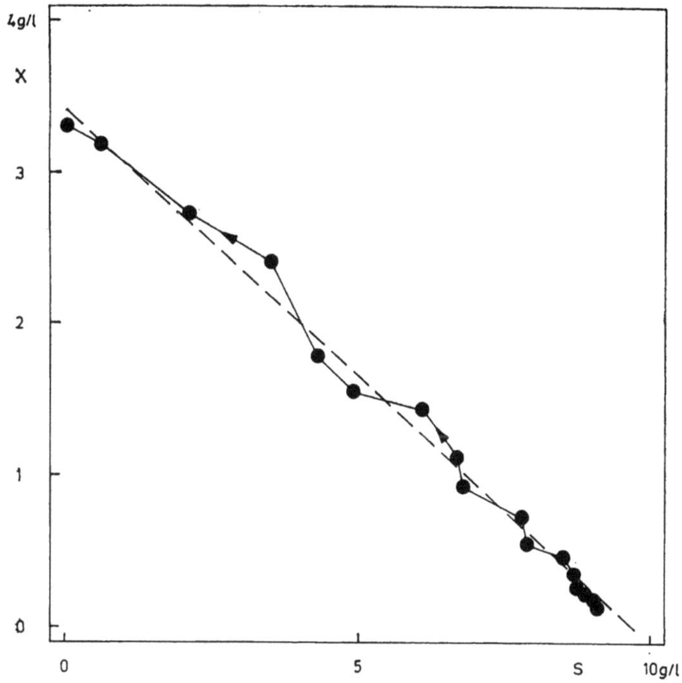

Fig. 2
Experimental data of discontinuous growth and glucose consumption as presented in Fig. 1, but biomass concentration (X) plotted versus glucose concentration (S) up to the end of growth phase (*i.e.* the first 18 samples shown in Fig. 1). Linear regression gives the yield coefficient $y = 0.355 \pm 0.017$.

by cubic spline functions; after that the phenomenological parameters $\mu = \dot{x}/x$ and the specific product formation rate $k_p = \dot{p}/x$ were calculated[1]). From these results it is obvious that the growth kinetics can be described by the well-known MONOD model enlarged by terms for lysis and lag (specific lysis rate β and time constant T):

$$\dot{x} = \mu(s, t)\, x - \beta(s)\, x\,, \tag{1}$$

$$\dot{s} = -\frac{1}{y}\mu(s, t)\, x \tag{2}$$

with

$$\mu(s, t) = \mu_{\max} \frac{s}{k_1 + s}(1 - e^{-t/T})\,. \tag{3}$$

where x and s are the concentrations of biomass and glucose, respectively. If the specific lysis rate $\beta(s)$ is independent of s, the fit of model (1)—(3) to the experimental data shown in Fig. 1 gives $y = 0.56$ whereas other published values for the glucose yield coefficient in glucose mineral salt medium (BERGTER 1983) are smaller. For specific lyses rate $\beta(s)$, falling with s, for instance

$$\beta(s) = \beta_{\max} \frac{k_1}{k_1 + s}, \tag{4}$$

1) The authors thank Mrs. Ing. MUND for the calculations with the program MYKP.

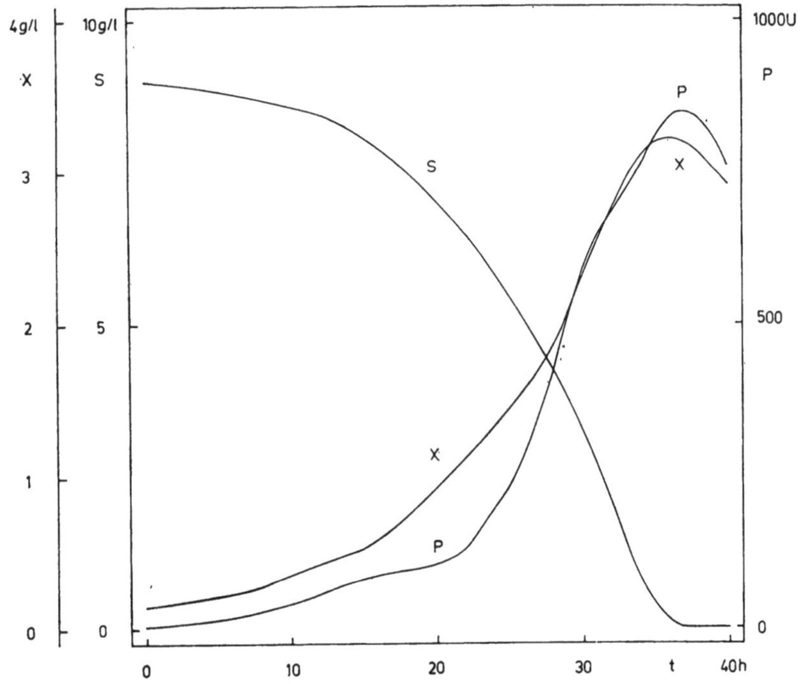

Fig. 3
By cubic spline functions smoothed time series for biomass (X), glucose (S) and product (P) concentration. Result of analysis of data shown in Fig. 1 using the hybrid-computer program MYKP (REIMANN and MUND 1984)

a smaller yield coefficient $y = 0.39$ was estimated. Thus, we assume that lysis starts when the growth stops.

Fig. 4 shows that the specific product formation rate k_p is increasing during the growth phase and passes its maximum value shortly before the growth is finished. For interpretation of this fact two relations were proofed:

1) The high specific product formation rate is connected with the transient ($\dot{\mu}$ negative) of growth to lysis phase as suggested by GUTHKE *et al.* (1980), or
2) the high specific product formation rate is connected with a low level of the glucose concentration s or a low level of the specific growth rate μ.

For both interpretations we could find a sufficient fit to the batch data presented in Fig. 1. But only the second interpretation gave the correct prediction to the chemostat behaviour, which will be presented in the next section. Thus, for the phaseolotoxin production dynamics we introduce the model (BERGTER 1972)

$$\dot{p} = k_p(s, t)\, x\,. \tag{5}$$

The explicite time dependency in equ. (5) is made to formulate the lag after inoculation in the same manner as in equ. (3). Because k_p goes over a maximum while the limiting substrate concentration s is monotonously decreasing with the fermentation time t, $k_p(s, t)$ as a function of s must have a maximum, too. For this, we choose

$$k_p(s, t) = k^{p\max} \frac{k_2}{k_2 + s} \left(\frac{s^n}{k_3^n + s^n} (1 + \gamma) - \gamma \right) (1 - e^{-t/T})\,. \tag{6}$$

The parameter γ must be introduced to describe the falling kinetics of the product concentration p after finishing the growth.

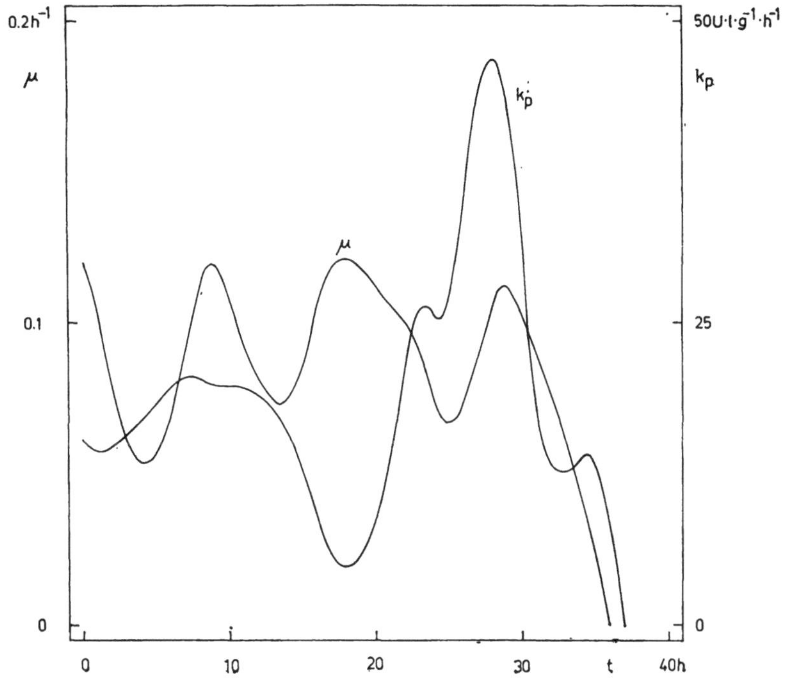

Fig. 4
Kinetics of specific growth rate μ and specific product formation rate k_p calculated from the smoothed data shown in Fig. 3 by use of program MYKP

Alternatively to the equations (5) and (6) another cause for the falling product kinetics was studied:

$$\dot{p} = k_p'(s, t)\, x - \gamma' p \qquad \text{with} \tag{5'}$$

$$k_p' = k_{p\max}' \frac{k_2'}{k_2' + s} \frac{s}{k_3' + s} (1 - e^{-t/T}) \,. \tag{6'}$$

Fig. 5 shows the result of the fit of model (1)—(4), (5′), (6′) to the data, presented in Fig. 1.

Independently of the open question, how to formulate the lysis of the product (product decay rate proportional to biomass or to product concentration), it follows the prediction that in the chemostat for a certain dilution rate $D = D_{\text{opt}}$ the productivity $Pr_c = D\bar{p}$ is sometimes (about six times) greater than the productivity $Pr_B = p(t_f)/t_f$ for batch culture, where $\bar{p}$ and $p(t_f)$ are the product concentrations of the steady state of chemostat and at the end of batch fermentation run with the duration of the batch fermentation t_f, respectively. This fact of superiority of continuous culture in respect to the productivity as well as the fact that some parameters (k_1, k_3, n) cannot be determined accurately by batch data analysis, have forced the experimental and theoretical study of continuous phaseolotoxin production.

Continuous culture

Fig. 6 shows the experimental results of chemostat in connection with the fitted model. The steady state values for the state variables $\bar{x}$, $\bar{s}$, and $\bar{p}$ as well as for the derivated

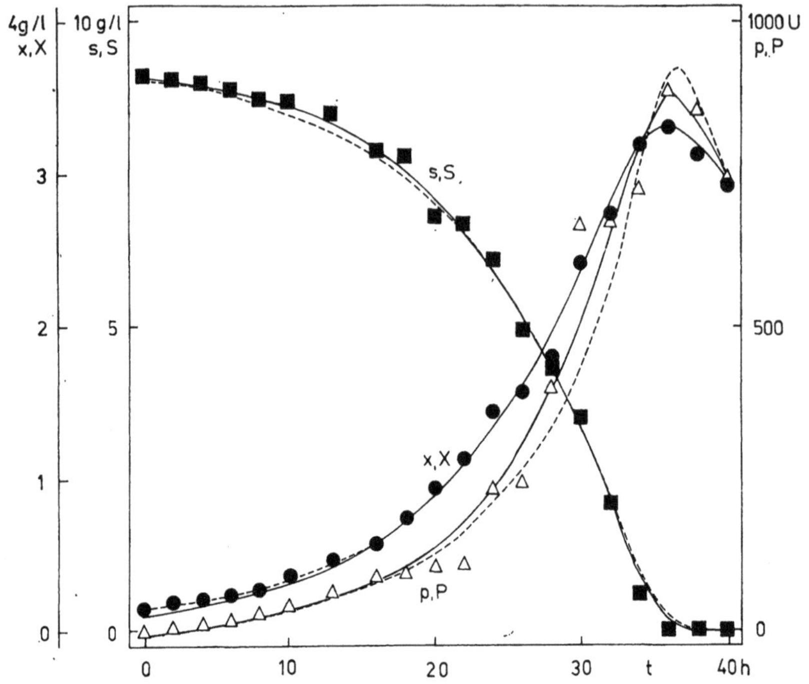

Fig. 5
Experimental data of Fig. 1 and the kinetics of the fitted model (1)—(4), (5′), (6′) with the parameters $\mu_{\max} = 0.12\ \mathrm{h}^{-1}$, $T = 0$, $k_1 = 0.94$ g/l, $y = 0.398$, $\beta_{\max} = 0.036\ \mathrm{h}^{-1}$, $x(0) = 0.102$ g/l $s(0) = 9.4$ g/l, $k_{p\max} = 297\ \mathrm{U} \cdot \mathrm{l} \cdot \mathrm{g}^{-1} \cdot \mathrm{h}^{-1}$, $k_2 = 3.8$ g/l, $k_3 = 1.27$ g/l, $\gamma' = 0.052\ \mathrm{h}^{-1}$, $p(0) = 0$
Results of digital simulation and parameter identification on ESER-computer ES 1040
Symbols: x, s and p are the model variables, the other symbols as in Fig. 1. Dashed lines show the result of model fitting by hybrid computersimulation (the first step of parameter estimation)

specific product formation rate k_p and productivity $Pr_c = D\bar{p}$ are plotted versus the dilution rate D (flow rate per cultivation volume). Taking in account the dilution terms ($-Dx$, $-Ds$, $-Dp$) and the term of volumetric glucose inflow rate (Ds_R) we get the steady state values for glucose, biomass and product concentration from the equations (1)—(6) together with the conditions of stationarity ($\dot{x} = \dot{s} = \dot{p} = 0$) and the stability condition (GUTHKE and KNORRE 1980):

$$\bar{s} = \frac{k_1(D + \beta_{\max})}{\mu_{\max} - D} \tag{7}$$

$$\bar{x} = y(s_R - \bar{s})\,\frac{D}{D + \beta_{\max}}\left(\frac{\beta_{\max}}{\mu_{\max}} + 1\right) \tag{8}$$

$$\bar{p} = \frac{\bar{x}}{D}\,k_{p\max}\,\frac{k_2}{k_2 + s}\left(\frac{s^n}{k_3^n + s^n}\,(1 + \gamma) - \gamma\right) \tag{9}$$

for

$$0 < D \leqq \mu_{\max}\,\frac{s_R}{k_1 + s_R} = D_C \tag{10}$$

and

$$\bar{s} = s_R, \qquad \bar{x} = \bar{p} = 0 \quad \text{for} \quad D > D_C\,.$$

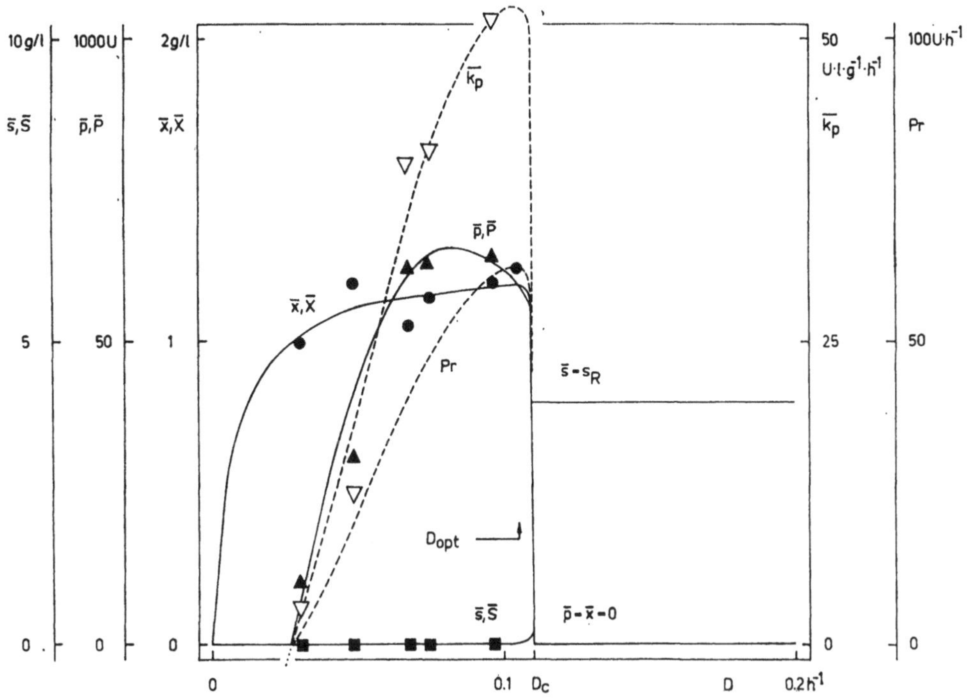

Fig. 6
Experimental data of chemostat experiments with the cultivation temperature 21 °C, and the behaviour of the fitted model (equ. 7—10). The steady state values of biomass ($\overline{X}, \bar{x}$), glucose concentration ($\overline{S}, \bar{s}$), product concentration ($\overline{P}, \bar{p}$) as well as of the specific product formation rate $\overline{k}_p$ and the productivity $Pr = Pr_C = D\bar{p}$ are plotted versus the dilution rate D. D_p is the so-called washout point and D_{opt} is the dilution rate for which the productivity is maximal

s_R is the glucose concentration of the inflowing fresh nutrient medium. In the presented chemostat experiments $s_R = 4$ g/l was used.

Parameter estimation

D_c in equ. (10) is the critical dilution rate were the culture is washing out and can be quantified according to Fig. 6 by about 0.11 h^{-1}. For $D < D_c$ all measured stationary glucose concentrations were very small: the greatest value was measured for $D = 0.096$ h^{-1} with $s = 0.0091$ g/l. Thus, for $\mu_{max} \approx 0.11$ h^{-1} follow from the relation (7) a very small k_1-value: $k_1 \approx 0.0013$ g/l.

According to equ. (10) D_c is almost the same as the maximal specific growth rate: $D_c \approx \mu_{max} = 0.11$ h^{-1}. Furthermore, it follows that in the batch kinetics the declination from $\mu \approx \mu_{max}$ to $\mu \leq 0$ must be very quickly. This fact was not found by batch data analysis. By separate batch data analysis without respect to the chemostat data the parameter k_1 was estimated to $k_1 = 0.9$ g/l (see Fig. 5). But in comparison with the about 600 times smaller value from chemostat data analysis we must point out the significance of the k_1-value identified by chemostat experiments and we discriminate the k_1-value identified by batch analysis. An analogous fact we must note for the parameters k_3 and n in equ. (6) and (9): Both parameters are determined on the basis of chemostat data (Fig. 6) and the equ. (9) as $k_3 = 0.0012$ g/l and $n = 1.7$.

Table 1
Identified model parameters for different conditions

conditions		y	μ_{max}	$k_{p\,max}$	β_{max}	γ
temp. (°C)	batch (B) or chemostat (C)	(dim.-less)	(h^{-1})	($U \cdot l \cdot g^{-1} \cdot h^{-1}$)	(h^{-1})	(dim.-less)
18	B	0.35	0.093	47	0.03	0.17
20	B	0.39	0.11	44	0.003	0
22	B	0.39	0.13	43	0.007	0.17
21	C	0.30	0.11	53	0.007	0.17

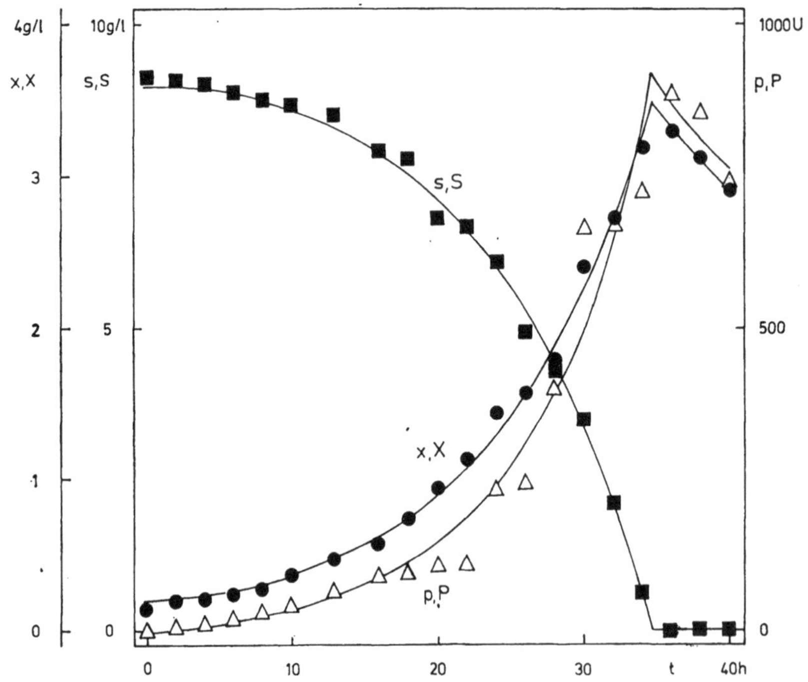

Fig. 7
Experimental data of Fig. 1 in comparison with the kinetics of the model (equ. (1)—(6)) with the parameters $\mu_{max} = 0.093\ h^{-1}$, $T = 4.5$ h, $k_1 = 0.0013$ g/l, $y = 0.35$, $\beta_{max} = 0.03\ h^{-1}$, $x(0) = 0.216$ g/l, $s(0) = 9.0$ g/l, $k_{pmax} = 47\ U \cdot l \cdot g^{-1} \cdot h^{-1}$, $k_2 = 4.7$ g/l, $k_3 = 0.0012$ g/l, $n = 1.7$, $\gamma = 0.17$, $p(0) = 0$. Results of digital simulation and parameter identification on ESER-computer ES 1040. Symbols as in Fig. 5

On the other hand, from chemostat data analysis the parameters T and k_2 (as well as the initial concentrations for x, s and p) cannot be identified. From batch data, presented in Fig. 1 these parameters were determined to $T = 4.5$ h and $k_2 = 4.7$ g/l.

The third group of parameters can be identified by both, chemostat and batch data: y, μ_{max}, k_{pmax}, β_{max} and γ. The results of parameter estimation by model fitting to the experimental data of experiments under different conditions (B-batch or C-chemostat and different temperatures) are given in Table 1. Fig. 7 shows the result of model fitting to the batch kinetics for 18 °C, which data were presented in Fig. 1. For all fits to batch data the parameters $k_1 = 0.0013$ g/l, $k_3 = 0.0012$ g/l and $n = 1.7$ were fixed according to the chemostat data analysis (Fig. 6).

Discussion

It was found that the "main" parameters y, μ_{max} and $k_{p\,max}$ could estimated almost identically: $y \approx 0.35$, $\mu_{max} \approx 0.1\ h^{-1}$ and $k_{pmax} \approx 45\ U \cdot l \cdot g^{-1} \cdot h^{-1}$. But it could be confirmed the conclusion, noted by NÜSKE (1984) that the maximal specific growth rate μ_{max} is increasing with the temperature. The maximal specific product formation rate k_{pmax} is decreasing with the temperature (compare NÜSKE 1984) and it seems that it also depends on the operation mode (batch or chemostat). The fact that k_{pmax} in the chemostat for a certain dilution rate D_{opt} is a little bit greater than the maximal value of the batch culture, may indicate that during the short batch culture the balanced state (for instance the stationary enzyme levels) was not completely reached. The dependency of the lysis of biomass (β) and product (γ) on the environmental conditions and on the physiological state is up to now not sufficiently proofed. Especially it could not be interpreted by modelling the fact that the lysis in the batch experiment with 20 °C was very small or negligable. But the results of chemostat experiments show that this open problem is not significant for the optimization of the phaseolotoxin production in respect to the productivity Pr_c.

The productivity $Pr_c = D\bar{p}$ reaches its maximum for $D = D_{opt} = 0.105\ h^{-1}$, *i.e.* in the neighbourhood of the wash out point $D_c = 0.11\ h^{-1}$. From this and other facts (HUMPHREY 1980) the large scale chemostat for optimal product fermentations is unpracticable without control strategies implemented in an on-line-computer-coupled fermentation system (KNORRE *et al.* 1982). The model presented in this paper is appropriate for the design of optimal control strategies.

References

BERGTER, F., 1972. Wachstum von Mikroorganismen. Experimente und Modelle. VEB Gustav Fischer Verlag Jena.

BERGTER, F., 1983. Wachstum von Mikroorganismen. Experimente und Modelle (2. überarbeitete Auflage). VEB Gustav Fischer Verlag.

BUBLITZ, F. und VÖLKSCH, B., 1983. Bildung von Phaseolotoxin und Phosphosulfamylornithin durch *Pseudomonas syringae* pv. *phaseolicola* in Submerskultur. Z. allg. Mikrobiol., **23**, 485–490.

GUTHKE, R. and KNORRE, W. A., 1980. Oscillations and multistability in continuous culture models: The S-P-X model. Proc. 7th Symp. Contin. Cultiv. Microorganisms. Prague 1978, 207–214.

GUTHKE, R., GIRA, G., MUND, K. and KNORRE, W. A., 1980. Computer controlled transient state in a fed batch culture. Biotech. Letters, **2**, 315–320.

HUMPHREY, A. E., 1980. Continuous culture – its influence on engineering practice. Adv. Biotechnology Vol. I (Proc. 6th Int. Ferm. Symp., London, Canada 1980), Pergamon Press 203–210.

IMANAKA, T., KAIEDA, T., SATO, K. and TAGUCHI, H., 1972. Optimization of α-galactosidase production by mold. I. α-galactosidase production in batch and continuous culture and a kinetic model for enzyme production. J. Ferment. Technol., **50**, 633–646.

KNORRE, W. A., GUTHKE, R. and BERGTER, F., 1982. On-line control of fermentation processes – an overview. Proc. 13th FEMS-Symp. "Overproduction of Microbial Products", Hradec Kralove 1982. Academic Press, 623–636.

MITCHELL, R. E., 1976. Bean halo-blight toxin. Nature, **260**, 75–76.

NÜSKE, J., 1984. Diss. (A). Friedrich-Schiller-Univ. Jena. Physiologie des Wachstums und der Phaseolotoxinbildung durch *Pseudomonas syringae* pv. *phaseolicola*.

OHNO, H., NAKANISHI, E. and TAKAMATSU, T., 1976. Optimal control of a semibatch fermentation. Biotechnol. Bioeng., **18**, 847–864.

POWELL, M. J. D., 1964. An efficient method for finding the minimum of a function of several variables without calculation derivatives. Comp. J., **7**, 155–162.

REIMANN, B. und MUND, K., 1984. Off-line-Auswertung fermentationskinetischer Daten phänomenologischer wachstumskinetischer Parameter mit dem Hybridrechenprogramm MYKP-HA. Z. allg. Mikrobiol., **24**, 485–493.

SCHORCHT, R., 1983. Programmbeschreibung.

Mailing address: Dr. R. GUTHKE, Zentralinstitut für Mikrobiologie und experimentelle Therapie der AdW, DDR-6900 Jena, Beutenbergstraße 11

Buchbesprechung

J. A. BARNETT, R. W. PAYNE and D. YARROW, Yeasts: Characteristics and Identification. 811 S., 488 (Mikrophotos) Abb., zahlreiche Tabellen. Cambridge 1983. Cambridge University Press. £ 75.00.

Gegenüber den Vorläufern, „A Key to the Yeasts" (BARNETT u. PANKHURST 1974) und "A Guide to Identifying and Classifying Yeasts" (BARNETT *et al.* 1979) sind Inhalt und Umfang wesentlich erweitert worden: 473 Hefearten aus 66 Gattungen werden einzeln behandelt, in 18 verschiedenen Bestimmungsschlüsseln erfaßt (anwendbar nach Auswahlkriterien bzw. nach Herkunft der zu bestimmenden Isolate) und in Übersichtstabellen mit Merkmalsangabe alphabetisch aufgelistet. Dadurch wird einmal die systematische Bestimmung erleichtert sowie durch Anwendung mehrerer Schlüssel gesichert. Zum anderen läßt sich schnell eine Hefe herausfinden, die bestimmte gewünschte Eigenschaften (z.B. für industrielle oder wissenschaftliche Zwecke) aufweist. Der Umfang der physiologischen Tests ist auf 83 erweitert worden; zusätzlich verwendet die Bestimmung 14 weitere Merkmale (Kolonie, Zellen, Sporen usw.). Bemerkenswert ist die konsequente Zuordnung imperfekter Arten zur Ascomyceten- bzw. Basidiomycetengruppe entsprechend der negativen bzw. positiven Diazonium Blue B-Reaktion (DBB-Test). Jede Artbeschreibung (1 Seite) umfaßt neben der Reaktion in den physiologischen Tests Stichworte zur Morphologie, Herkunft und CBS-Nummer der untersuchten Stämme, Synonyma und relevante Zusatzinformationen (z.B. Mol% G + C, Zellwandaufbau). Für Diskussionen ist kein Platz. Jede Art ist durch eine (selten 2) Mikrophotographie (Differential-Interferenzkontrast, konstanter Maßstab) illustriert. Gegenüber Zeichnungen mit ausführlichen Größenangaben hat dies zweifellos Vorteile. Allerdings ist die Zahl der im Präparatausschnitt enthaltenen Zellen sehr unterschiedlich (z. T. unter 10), und oft sind lediglich die wenig charakteristischen Jugendstadien dargestellt. So wird man im Zweifelsfall doch auf die Quellenliteratur (15000 Zitate) zurückgreifen müssen.

Insgesamt ist durch die komputergetreue Informationsstraffung ein zweckmäßiges Datenwerk zum rationellen Gebrauch entstanden, das seinen hohen Preis sicher rechtfertigt. Es läßt aber durchaus noch Raum für Konkurrenten, und so darf man mit Spannung die angekündigte Neuauflage des altbewährten LODDER „The Yeasts" erwarten, um dann vielleicht festzustellen, daß man sie eigentlich beide braucht.

G. KRAEPELIN (Berlin)

Zeitschrift für allgemeine Mikrobiologie 24 (1984) 7, 437—441

(Akademie der Wissenschaften der DDR, Forschungszentrum für Molekularbiologie und Medizin, Zentralinstitut für Mikrobiologie und experimentelle Therapie, Jena)

Temperatureinfluß auf Wachstum und L-Lysin-Bildung von *Corynebacterium glutamicum*

M. Hilliger, F. Hänel und J. Menz

Herrn Prof. Dr. F. Bergter zum 60. Geburtstag gewidmet

(Eingegangen am 2. 1. 1984)

The influence of temperature as one of the major fermentation parameter on growth and L-lysine formation of *Corynebacterium glutamicum* 9366 was studied in laboratory scale in the range of 26 °C to 37 °C. The optimum temperature for both biomass yield and product formation has been established to amount 29 °C. At temperatures above 29 °C biomass yield and L-lysine excretion decreased whereby temperatures exceeding 32 °C markedly reduce also the specific L-lysine formation rate and the substrate conversion yield coefficient.

Die Temperatur ist neben Acidität und Partialdruck gelöster Gase einer der wesentlichsten Parameter einer Fermentationskultur. Sie entspricht innerhalb von Bakterien- oder Hefezellen der Umgebungstemperatur, da diese Mikroorganismen kein Temperaturregulationssystem wie höhere Organismen besitzen. Die Geschwindigkeit der intrazellulären Enzymreaktionen ist somit unmittelbar von der Umgebungstemperatur abhängig. Als Folgen werden sowohl die Abhängigkeit der Wachstumsgeschwindigkeit von der Temperatur als auch Veränderungen in der Fähigkeit zur Ausscheidung von Produkten beobachtet.

Das Temperaturoptimum der Produktbildung ist dabei meistens nicht mit dem der Wachstumsgeschwindigkeit identisch. Ein bekanntes Beispiel ist die Prodigiosinbildung von *Serratia marcescens*, deren Optimum bei 20 °C—25 °C, das Wachstumsoptimum jedoch bei 37 °C liegt (Williams *et al.* 1965). Weitere Beispiele sind die Penicillin-Bildung (Owen u. Johnson 1955), die Riboflavin-Bildung in *Ashbya gossypii* (Demain 1972) und die Citronensäure-Bildung von *Aspergillus niger* (Yamada u. Hikada 1964).

Von Hirakawa (1973) wurde der Einfluß der Kultivierungstemperatur auf die L-Threonin-Bildung in *E. coli* untersucht und eine Zunahme der spezifischen Produktbildungsrate k_P mit steigender Temperatur gefunden. Für die L-Lysin-Bildung durch *Corynebacterium* ist eine derartige Abhängigkeit jedoch nicht bekannt geworden.

Das Ziel der vorliegenden Arbeit bestand deshalb darin, die Temperaturabhängigkeit des Wachstums und der L-Lysin-Bildung in *Corynebacterium glutamicum* zu untersuchen.

Material und Methoden

Mikroorganismus: Für alle Untersuchungen wurde *Corynebacterium glutamicum* 9366, homoserin-auxotroph und resistent gegen S-(2-Aminoäthyl)-L-cystein, verwendet.

Kultivierungsbedingungen: Alle Experimente wurden in Laborfermentoren LF 2 (VEB Mytron) mit zwei Liter Kulturlösung durchgeführt, die im Verhältnis 1:10 mit Kulturlösung aus der Vorkultur beimpft worden waren. Die Vorkultivierung erfolgte zweistufig in 500-ml-Rundkolben mit 50 ml Nährlösung und in 2-l-Schüttelflaschen mit 300 ml Nährlösung im Verlaufe von 24 Stdn. bzw. 16 Stdn. bei 29 °C. Zur Beimpfung der ersten Vorkultur diente Zellmaterial von Fleisch-Pepton-Schrägagarröhrchen. Die Zusammensetzung der Nährlösungen entspricht der von PLACHY *et al.* (1980) beschriebenen.

Analytische Methoden: Die Biomasse wurde turbidimetrisch mit verdünnter Kulturlösung bei 470 nm (SPEKOL mit EK 5 und zusätzlicher Lochblende, VEB CARL ZEISS Jena) unter Verwendung eines Eichfaktors bestimmt.

Die Lysinbestimmung erfolgte modifiziert nach ROTH (1971) mit *o*-Phtalaldehyd bei pH 5,4. Saccharose wurde colorimetrisch nach SOMOGYI (1952) bestimmt. Lipidextraktion von frisch geerntetem Zellmatrial erfolgte wie bei HÄNEL *et al.* (1981) beschrieben. Die Bedingungen für die Bestimmung der Fettsäuren mittels GLC-Analyse sind von GRÄFE *et al.* (1979) beschrieben worden.

Nomenklatur

μ: Spezifische Wachstumsrate

$$\mu = \frac{0{,}693}{d}\ (\mathrm{h}^{-1}) \quad d = \text{Generationszeit (h)}$$

$X_{\max}$: Maximale Biomassekonzentration in der stationären Wachstumsphase ($\mathrm{g \cdot l^{-1}}$)

X_0: Biomassekonzentration zu Fermentationsbeginn ($\mathrm{g \cdot l^{-1}}$)

X_E: Biomassekonzentration am Fermentationsende ($\mathrm{g \cdot l^{-1}}$)

P_E: Produktkonzentration (Lysin) am Fermentationsende ($\mathrm{g \cdot l^{-1}}$)

RZA: Raum-Zeit-Ausbeute (bezogen auf Volumen der Kulturlösung)

$$RZA = \frac{P_E}{t}\ (\mathrm{g \cdot l^{-1} : h^{-1}}) \quad t = \text{Fermentationszeit (h)}$$

s^*: Mittlere Saccharose-Verbrauchsrate

$$s^* = \frac{S_0 - S_E}{t}\ (\mathrm{g \cdot l^{-1} \cdot h^{-1}})$$

S_0 = Saccharosekonzentration zu Fermentationsbeginn
S_E = Saccharosekonzentration am Fermentationsende ($\mathrm{g \cdot l^{-1}}$)

q_P^*: Mittlere spezifische Produktbildungsrate

$$k_P^* = \frac{P_E}{t(X_{\max} - X_0)}\ (\mathrm{h}^{-1})$$

k_S^*: Mittlere spezifische Saccharose-Verbrauchsrate

$$q_S^* = \frac{S_0 - S_E}{t(X_{\max} - X_0)}\ (\mathrm{h}^{-1})$$

$Y_{P/S}$: Substrat-Konversionsgrad

$$Y_{P/S} = \frac{P_E}{S_0 - S_E}\ \text{(dimensionslos)}$$

$Y_{P/X}$: $$Y_{P/X} = \frac{P_E}{X_{\max} - X_0}\ \text{(dimensionslos)}$$

Ergebnisse und Diskussion

Abbildung 1 zeigt das Wachstum von *C. glutamicum* 9366 bei 29 °C, 32 °C und 35 °C. Alle Biomassewerte wurden dabei auf den Endwert der bei 29 °C erfolgten Kultivierung bezogen. Zwei wichtige Ergebnisse wurden erhalten:

1. Mit steigender Kultivierungstemperatur nimmt die Wachstumsgeschwindigkeit zu.
2. Je höher die Kultivierungstemperatur, desto geringer der Biomasseertrag.

In Abbildung 2 sind die dazugehörigen, ebenfalls auf den Endwert bei 29 °C bezogenen Lysin-Konzentrationen über der Fermentationszeit aufgetragen. Gegenüber 29 °C wurden bei 32 °C 84% und bei 35 °C nur noch 34% der Lysinausbeute erhalten. Abbildung 2 zeigt auch, daß bei 35 °C die Lysin-Bildung eher einsetzt und mit höherer Rate bis zum Abbruch zur 25. Stunde erfolgt.

Tabelle 1 gibt die Übersicht über die wichtigsten kinetischen- und Bilanzgrößen, die den Lysin-Syntheseprozeß charakterisieren. Die Werte bei 29 °C, 32 °C und 35 °C

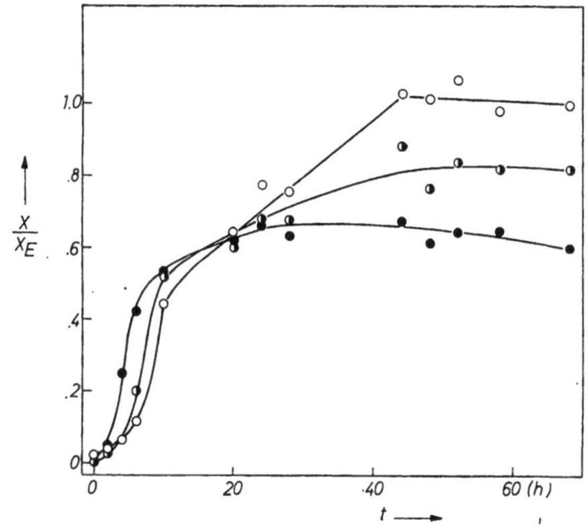

Abb. 1
Wachstum von *C. glutamicum* 9366 bei 29 °C (○), 32 °C (◑) und 35 °C (●). Alle Biomassewerte (X) wurden auf den Endwert der Biomasse (X_E) der Kultur bei 29 °C bezogen

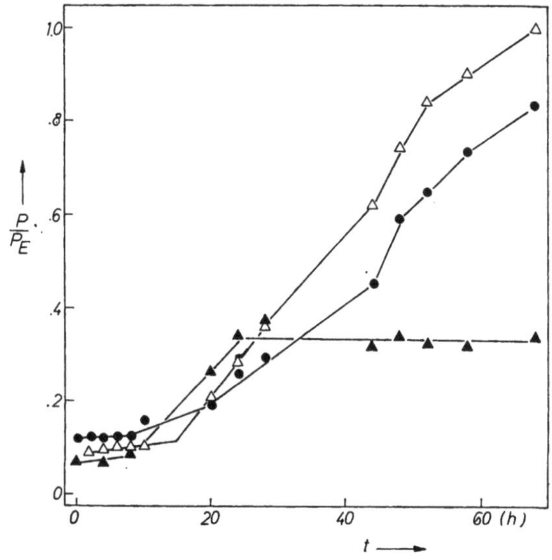

Abb. 2
Lysin-Bildung von *C. glutamicum* 9366 bei 29 °C (△), 32 °C (●) und 35 °C (▲). Alle Lysin-Werte (P) wurden auf den Lysin-Endwert (P_E) der Kultur bei 29 °C bezogen

stellen Mittelwerte aus drei separaten Fermentationen dar, während den Werten bei 26 °C und 37 °C jeweils nur ein Experiment zugrunde liegt. Biomasseertrag ($X_{max} - X_0$), Endkonzentration an Lysin (P_E), Raum-Zeit-Ausbeute (RZA) und mittlere Saccharose-Verbrauchsrate (s^*) wurden auf die jeweiligen Werte bei 26 °C bezogen, während für spezifische Wachstumsrate (μ), mittlere spezifische Produktbildungsrate (k_P^*), mittlere spezifische Saccharose-Verbrauchsrate (q_S^*), Konversionsgrad ($Y_{P/S}$) und für $Y_{P/X}$ die Originalwerte verwendet wurden.

Tabelle 1
Prozeßkinetische Parameter von Lysin-Fermentationen mit *Corynebacterium glutamicum* 9366 in Abhängigkeit von der Kultivierungstemperatur

	26 °C	29 °C	32 °C	35 °C	37 °C
μ (h^{-1})	—	0,35	0,48	0,58	0,87
$X_{max} - X_0$	1,00	1,04	0,84	0,72	0,47
P_E	1,00	1,10	0,87	0,57	0,41
RZA	1,00	1,14	0,88	0,58	0,41
s^*	1,00	1,00	0,84	0,80	0,54
k_P^* (h^{-1})	0,023	0,025	0,024	0,018	0,019
q_S (h^{-1})	0,107	0,104	0,107	0,119	0,121
$Y_{P/S}$	0,211	0,240	0,230	0,150	0,162
$Y_{P/X}$	1,63	1,74	1,70	1,27	1,41

Biomasseertrag ($X_{max} - X_0$), Endkonzentration an Lysin (P_E), Raum-Zeit-Ausbeute (RZA) und mittlere Saccharose-Verbrauchsrate s^* wurden auf die jeweiligen Werte bei 26 °C bezogen.

Tabelle 2
Einfluß der Kultivierungstemperatur auf die Fettsäurezusammensetzung der Lipidfraktion von *Corynebacterium glutamicum* 9366

T (°C)	Fettsäuren in % zu Gesamtfettsäuren		$\frac{C16:0}{C18:1}$
	C16:0	C18:1	
29	45	55	0,82
32	50	50	1,00
35	51	49	1,04
37	59	41	1,44

C16:0 Palmitinsäure
C18:1 Ölsäure

Biomasseertrag und damit Lysin-Ausbeute nehmen bei Kultivierungstemperaturen von größer als 32 °C ab, wobei die spezifischen Größen k_P^*, q_S^*, $Y_{P/S}$ und $Y_{P/X}$ gegenüber 26 °C und 29 °C etwa unverändert sind. Bei weiterer Erhöhung der Kultivierungstemperatur verringert sich die Produktbildung dagegen in stärkerem Maße als der Biomasseertrag, wie durch die mittlere spezifische Produktbildungsrate verdeutlicht wird. Eine Zunahme der mittleren spezifischen Saccharose-Verbrauchsrate, resultierend in einer Abnahme des Konversionsgrades — bedingt auch durch die Verringerung der Lysin-Ausbeute — kennzeichnen weiterhin die Veränderung in den Zellen. Bei höheren Temperaturen als 32 °C muß somit außer der wachstumsgekoppelten Verringerung der Produktbildung auch ein regulativer Einfluß auf die Lysin-Bildung selber bzw. auf den Transport des Lysins aus der Zelle vorliegen.

Da für einige Bakterienarten bekannt war, daß mit steigender Kultivierungstemperatur der Anteil ungesättigter Fettsäuren in den Membranlipiden abnimmt (FULCO 1983, MENDOZA u. CRONAN 1983) und sich damit sowohl die Fluidität der Zellmembran als auch die Aktivität membranassoziierter Enzymsysteme ändert, wurden erste Untersuchungen zur Fettsäurezusammensetzung der Gesamtlipide von *C. glutamicum* 9366 durchgeführt. Wie die in Tabelle 2 zusammengefaßten Ergebnisse zeigen, nimmt erwartungsgemäß der Anteil der ungesättigten Fettsäuren (Ölsäure) mit zunehmender Kultivierungstemperatur ab.

Eine Verringerung des Ölsäuregehaltes in *Corynebacterium glutamicum* wurde bisher nur unter Sauerstofflimitation beobachtet (HÄNEL *et al.* 1981) und in Übereinstimmung mit Literaturangaben über die Sauerstoffabhängigkeit der Acyl-CoA-

Desaturase (FULCO 1972) als Veränderung ihrer Enzymaktivität erklärt. Die vorliegenden Ergebnisse lassen die Annahme zu, daß der Acyl-CoA-Desaturase neben einer Sauerstoffabhängigkeit auch eine ausgeprägte Temperaturabhängigkeit zukommt und eine Temperaturerhöhung über die Verringerung der Desaturase-Aktivität und damit des Anteils ungesättigter Fettsäuren zu einer Veränderung der Membranfluidität führt. Damit würden im wesentlichen zwei Prozesse kontrolliert:

1. die Aufnahme des limitierenden Substrates aus der Kulturlösung und damit die Biomasseertragsbildung,
2. Exkretion des gebildeten Lysin aus der Zelle.

Weitere Untersuchungen werden zur Klärung der Frage beitragen, ob mit der negativen Wirkung der Änderung der Membranfluidität auf diese beiden Prozesse ein entsprechender Anstieg der intrazellulären Lysinkonzentration verbunden ist und ob die gemessenen Veränderungen im Fettsäurespektrum vorwiegend bestimmte Lipidfraktionen betreffen.

Literatur

DEMAIN, A. L., 1972. Riboflavin oversynthesis. Ann. Rev. Microbiol., **26**, 369–388.

FULCO, A. J., 1972. The biosynthesis of unsaturated fatty acids by Bacilli. III. Uptake and utilization of exogenous palmitate. J. biol. Chem., **247**, 3503–3510.

FULCO, A. J., 1983. Fatty acid metabolism in bacteria. Progr. Lipid Res., **22**, 133–16.

GRÄFE, U., SCHADE, W., BOCKER, H. and THRUM, H., 1979. Alcohol-induced switching over of metabolic flux in *Streptomyces noursei* JA 3890b. Z. allg. Mikrobiol., **19**, 721–726.

HÄNEL, F., HILLIGER, M. and GRÄFE, U., 1981. Effect of oxygen limitation on cellular L-lysine pool and lipid spectrum of *Corynebacterium glutamicum*. Biotechnol. Letters, **3**, 461–464.

HIRAKAWA, T., 1973. Effect of temperature on threonine production by an auxotrohp of *E. coli*. Agric. Biol. Chem., **37**, 243–250.

MENDOZA, D. and CRONAN, J. E., 1983. Thermal regulation of membrane lipid fluidity in bacteria. TIBS, **8**, 49–52.

OWEN, S. P. and JOHNSON, M. J., 1955. The effect of temperature changes on the production of penicillin by *Penicillium chrysogenum* W49–133. Appl. Microbiol., **3**, 375–379.

PLACHY, J., CULIK, K., ULBERT, S., BUČKO, M., CHROMIK, J., VANICKY, M., HOFBAUER, H., MIKLAS, E., SEVERA, Z., HANO, A. und SIKYTA, B., 1980. Verfahren zur Herstellung von Lysin mit Hilfe von Mikroorganismen. DD WP 140056.

ROTH, M., 1971. Fluorescence reaction for amino acids. Analyt. Chem., **43**, 880–882.

SOMOGYI, M., 1952. Notes on sugar determination. J. biol. Chem., **195**, 19–23.

WILLIAMS, R. P., GOLDSCHMIDT, M. E. and GOTT, C. L., 1965. Inhibition by temperature of the terminal step in biosynthesis of prodigiosin. Biochem. Biophys. Res. Comm., **19**, 177–181.

YAMADA, K. and HIKADA, H., 1964. Submerged citric acid fermentation of blackstrap molasses. I. Isolation of a producing strain utilizing blackstrap molasses and the effects of incubation temperature. Agric. Biol. Chem., **28**, 876–883.

Anschrift: Dr. M. HILLIGER, Zentralinstitut für Mikrobiologie und experimentelle Therapie der AdW, DDR 6900 Jena, Beutenbergstr. 11

Buchbesprechungen

E. A. Birge, Bacterial and Bacteriophage Genetics — an Introduction (Corrected second printing 1983). 359 S., 111 Abb., 30 Tab. New York—Heidelberg—Berlin 1981. Springer-Verlag. DM 59,00. ISBN 0-387-90504-9.

Das Buch ist als Einführung in die Bakterien- und Bakteriophagengenetik gedacht und wendet sich in erster Linie an Mikrobiologiestudenten. In 15 Kapiteln werden u. a. Mutationen, Mutagenese, virulente und temperente Phagen, Transduktion, Transformation, Konjugation, Plasmide, Genregulation, Reparatur und Rekombination behandelt. Den Abschluß bildet eine Einführung in die Gentechnologie und die Erläuterung von Trends in der klassischen Bakteriengenetik sowie in der modernen Gentechnologie. Der klare, knappe Text und gut ausgewählte Illustrationen machen das Buch empfehlenswert. Leider wurden durch Verlag und Autor auf die Möglichkeit verzichtet, bei dem korrigierten Neudruck 1983 in früheren Rezensionen empfohlene Verbesserungen anzubringen. So erscheint z. B. der inzwischen gut verstandene Mechanismus der Variation der *Salmonella*-Geißelantigene immer noch unter der Überschrift „Less well-characterized regulatory systems". Auch der Wunsch, über DNA-Sequenzierung, Pribnow- und Shine-Dalgarno-Sequenzen aufgeklärt zu werden, bleibt weiter offen.

S. Klaus (Jena)

H. Brandis und H. J. Otte, Lehrbuch der Medizinischen Mikrobiologie (5., neubearbeitete Auflage). XXIV + 708 S., 175 Abb., 150 Tab., 2 Farbtaf. Stuttgart—New York 1984. Gustav Fischer Verlag. DM 78,00. ISBN 3-437-00396-8.

Die 5. Auflage des nunmehr von Brandis und Otte herausgegebenen Lehrbuches der Medizinischen Mikrobiologie hat das Schicksal vieler Neuauflagen erlitten, sein Umfang hat zugenommen (um rund 150 Seiten). Auch die Zahl der Autoren wurde (auf 33) erweitert. Ursache dafür sind die zunehmenden Erkenntnisse auf dem Gebiet der Medizinischen Mikrobiologie, besonders in der Immunologie und Virologie. Derartige Umfangserweiterungen sind bei Studentenlehrbüchern oftmals problematisch, aber der Brandis/Otte wendet sich nicht nur an den Medizinstudenten, er will auch ein Leitfaden und Informationswerk für den Arzt am Krankenbett und im öffentlichen Gesundheitswesen sein. Dieser Zweck ist erreicht: der Leser kann sich in der von ihm benötigten Form — ausführlich oder kurz — informieren lassen; die Zweiteilung des Werkes in einen allgemeinen und speziellen Teil gibt diese Möglichkeit. Durch ein konsequent angewandtes Schema im speziellen Teil wird die Einheitlichkeit erreicht, die bei derart vielen Autoren notwendig ist. Das Werk umfaßt die gesamte Medizinische Mikrobiologie: Bakterien, Pilze, Protozoen, Helminthen, Viren, Immunologie. Manche Darstellung im 2. Teil mag man sich ausführlicher wünschen (besonders bei den klinischen Angaben zu den selteneren, in den Lehrbüchern der Inneren Medizin nicht abgehandelten Krankheiten), aber dies hätte die ohnehin schon erhebliche Seitenzahl noch mehr belastet. Die zahlreichen Abbildungen und Schemata erleichtern das Verständnis. Ein durchaus empfehlenswertes Lehrbuch.

W. Köhler (Jena)

Zeitschrift für allgemeine Mikrobiologie 24 (1984) 7, 443–449

(Akademie der Wissenschaften der DDR, Forschungszentrum für Molekularbiologie und Medizin, Zentralinstitut für Mikrobiologie und experimentelle Therapie, Jena)

Ein statistisches Verfahren zur Ermittlung der Leistungs-Korrelation antibioticabildender Mikroorganismen im Labor- und Technikumsmaßstab

M. Horn, E. J. Bormann und M. Harnisch

Herrn Prof. Dr. F. Bergter zum 60. Geburtstag gewidmet

(Eingegangen am 5. 1. 1984)

The antibiotic yields of industrial selectants must be checked at several steps of cultivation. Here the question arises whether the activities at the different levels of cultivation are correlated. The common coefficient of correlation cannot be used because repeated determinations of the yield at one selectant result in different values. In order to have only one fixed value per selectant we define the mean value around which the observed values are varying. Buth these mean values cannot be observed. Thus, an adequate method of correlation similar to that in Guiard and Herrendörfer (1977) was used. The method is demonstrated in two examples: With selectants of *Streptomyces noursei* for streptothricin titers in 20 ml- and 20 l-cultures as well as with selectants of *Penicillium chrysogenum* for potency indices in surface cultures and penicillin titers in 50 ml submerged cultures, respectively. In both cases the coefficients of correlation were above 0.7.

Die Entwicklung und Optimierung mikrobieller Stoffwandlungsprozesse beinhaltet stets die Aufgabe, zwischen den Bearbeitungsebenen: Labor-Technikums-Produktionsmaßstab Relation in bezug auf die Leistungsfähigkeit zu ermitteln. Diese Zielstellung ist vor allem dann aktuell, wenn es entweder um die Weiterführung einzelner Selektanten geht, die auf der Laborebene aufgefallen sind oder die Unterschiede zwischen Mediumspräparationen in autoklavierten bzw. Dampf-sterilisierten Kulturgefäßen beachtet werden müssen. Es interessiert dabei die Relevanz der jeweils auf der vorausgegangenen Bearbeitungsstufe erzielten Ergebnisse für die nachfolgende.

In der einschlägigen Literatur wird hauptsächlich über Untersuchungen berichtet, die sich auf den Vergleich von Emers- und Submerskulturen beziehen (Ditchburn *et al.* 1974, Müller *et al.* 1980, Mühlig *et al.* 1981, Ball u. McGonagle 1978, Trilli *et al.* 1982) und teilweise eine aufgefundene Korrelation vermerken.

Im Rahmen eigener Selektionsarbeiten unter Einsatz des Autoselektsystems (Knöll *et al.* 1981) und statistisch untersetzter Auswertungsprogramme wurden Selektanten des Stammes *Streptomyces noursei* JA 3890 b (Bradler u. Thrum 1963) bzw. von *Penicillium chrysogenum* mit bemerkenswerten Leistungsunterschieden gefunden, die einer Korrelationsanalyse betreffs Emers-Submerskultur und Submerslabor-Submerstechnikumskultur zugrunde gelegt werden konnten. Dabei mußte eine Methode der Korrelationsberechnung entwickelt werden, die der Tatsache Rechnung trägt, daß die antibiotische Leistung der einzelnen Selektante keinen feststehenden, stets reproduzierbaren Wert annimmt, sondern einen von Parallelkultur zu Parallelkultur schwankenden Phänotypus darstellt. Außerdem war zu berücksichtigen, daß von jeder Selektante nicht immer die gleiche Anzahl von Parallelkulturen vorlag. Die ausgearbeitete Methode wird zur Diskussion gestellt, da sie über das hier behandelte Problem hinaus bei gleichgelagerten Fragestellungen allgemein angewandt werden kann.

Material und Methoden

Streptomcyces noursei JA 3890 b: Die Selektanten des Ausgangsstammes lagen als Lyophilkonserven vor, die nach Aufnahme in physiologischer Kochsalzlösung auf eine submerse Anzuchtpassage übertragen werden. Diese enthielet je 100-ml-Kölbchen Medium A (GRÄFE *et al.* 1979) und wurde auf einem Rundschwingtisch 48 Std. bei 29 °C geschüttelt. Für die Laborkultivierung dienten je Selektante 18 Hauptkulturkölbchen a 20 ml eines komplexen Standardmediums, aus denen nach 96stündiger Kultivierung bei 29 °C Probe entnommen und im Plattendiffusionstest mit automatisierter Auswertung (SCHICHT *et al.* 1981) der Antibioticumtiter bestimmt wurde. Für die Kultivierung im Technikumsmaßstab wurde eine eigene Anzuchtpassage angelegt, die je 2,5-l-Flasche 400 ml Medium A enthielt und nach 48 Std. Kultivierung bei 29 °C als Impfmaterial für die kleintechnische Fermentation diente. Diese erfolgte je Selektante in einer unterschiedlichen Anzahl gerührter, belüfteter und temperierter 25-l-Glasreaktoren, die 20 l des Mediums Bo 34 mit verdoppeltem Sojaschrot-, Glucose- und $CaCO_3$-Gehalt enthielten. Die Bestimmung des Antibioticumtiters erfolgte analog zur Laborstufe und 144 Std. Kultur der Ansätze.

Penicillium chrysogenum: Zur Bestimmung der Potenzindizes (P_i) wurde ausgehend von Eprouvettenkulturen punktförmig auf Blöckchen (DITCHBURN *et al.* 1974) überimpft. Als Nährboden kam in Anlehnung an BALL (BALL u. MCGONAGLE 1978) ein nährstoffreduziertes, dem Fermentationsmedium angepaßtes, Komplexmedium zur Anwendung. Die Blöckchen wurden nach 5tätiger Bebrütung bei 25 °C auf Testplatten zum Antibioticumnachweis aufgesetzt. Nach 20stündiger Bebrütung bei 37 °C erfolgte die Messung der Kolonie- und Hemmhofflächen am Quantimed. Pro Selektante wurden 6 Parallelbestimmungen durchgeführt.

Zur Bestimmung der Leistung im Schüttelkolben wurden ausgehend von Sporensuspensionen Vorzuchtstufen mit definierter Sporenzahl beimpft. Nach 48stündiger Kultivierung bei 25 °C in 500-ml-Rundkolben mit 60-ml-Füllvolumen auf einem Rundschwingtisch erfolgte die Beimpfung der Hauptkultur (500-ml-Rundkolben mit 40-ml-Füllvolumen). Die Kultivierungszeit betrug 240 Std. bei 25 °C. Es erfolgte eine Substratnachdosierung. Die Medien für Vor- und Hauptkultur sowie das Fütterungsregime waren vorgegeben. Der Antibioticumtiter konnte über Agardiffusionstest mit automatischer Auswertung (SCHICHT *et al.* 1981) bestimmt werden.

Ergebnisse und Diskussion

Die arithmetischen Mittel der an 18 Selektanten von *Streptomyces noursei* JA 3890 b ermittelten antibiotischen Leistungen auf zwei Testebenen sind in Tabelle 1 zusammengestellt. Auf die gleiche Weise sind in Tabelle 2 die Mittelwerte von 10 Selektanten von *Penicillium chrysogenum* gegeben. Für ein Datenmaterial, wie es diesen Tabellen zugrunde liegt, war in Standardlehrbüchern keine akzeptable statistische Methode zu finden, die sich zur Schätzung der Korrelation zwischen den antibiotischen Leistungen auf den beiden Testebenen eignet. Die Situation, in der wir uns befinden, läßt sich formal wie folgt beschreiben. An jeder von k Selektanten wurden sowohl auf Testebene 1 als auch auf Testebene 2 jeweils mehrere Bestimmungen der antibiotischen Leistung vorgenommen. Dabei fielen die Werte auf die in Tabelle 3 symbolisch dargestellte Weise an. Die Anzahlen m_i und n_i von Einzelwerten, die sich pro Selektante ergeben, können von Selektante zu Selektante unterschiedlich sein.

Die statistisch zu prüfende Frage lautet: Sind bei niedrigen bzw. hohen Leistungen auf der einen Testebene niedrige bzw. hohe Leistungen auf der anderen Testebene zu erwarten? Prinzipiell ist das ein Korrelationsproblem. Jedoch in der mathematischen Statistik ist Korrelation nur für den Fall definiert, daß an jedem von k Individuen einer Grundgesamtheit zwei Meßwerte u_i und v_i anfallen, z.B. Gewicht und Körperlänge. Jedes Individuum wird durch genau ein Wertepaar (u_i, v_i) charakterisiert. Mißt man am gleichen Individuum nochmals, dann ergeben sich genau die gleichen zwei Werte. Aus den angefallenen Wertepaaren $(u_1, v_1), \ldots, (u_k, v_k)$ kann der PEARSONsche Korrelationskoeffizient

$$\varrho(u, v) = \frac{\mathrm{Cov}(u, v)}{\sqrt{\mathrm{Var}\, u \,\mathrm{Var}\, v}}$$

Tabelle 1
Prozentuale Unterschiede der arithmetischen Mittel von Leistungen der *Streptomyces noursei*-Selektanten
Selektante 2 = 100%

Selektante	Testebene: 20 ml		Testebene: 25 l	
	Anzahl der Parallelen	arithmet. Mittel in %	Anzahl der Parallelen	arithmet. Mittel in %
1	17	173,0	4	226,3
2	18	100,0	10	100,0
3	18	197,0	6	196,4
4	12	43,4	2	9,9
5	18	29,8	2	16,4
6	18	72,9	2	55,3
7	18	110,7	4	12,7
8	18	171,8	4	149,8
9	18	150,0	7	164,3
10	18	138,3	2	184,4
11	18	132,1	3	77,3
12	10	141,0	3	93,1
13	18	163,0	4	234,1
14	9	174,6	7	143,7
15	18	139,8	4	178,6
16	18	165,7	8	239,1
17	11	134,3	2	115,4
18	18	170,5	2	5,55

Tabelle 2
Prozentuale Unterschiede der arithmetischen Mittel von *Penicillium chrysogenum*-Selektanten in der Emerskultur (Potenzindizes) und Submerskultur (Schüttelkolbenwerte)
Selektante 2 = 100%

Selektante	Testebene: Potenzindizes		Testebene: Schüttelkolben	
	Anzahl der Parellelen	arithm. Mittel der Potenzindizes	Anzahl der Parallelen	arithm. Mittel der Schüttelkolben-werte Selektante 2 = 100%
1	6	186	9	96,3
2	6	189	9	100
3	6	192	9	110,6
4	6	205	9	107,1
5	6	183	9	99,1
6	6	215	9	100
7	6	175	9	98,3
8	6	155	9	102,5
9	6	151	9	99,0
10	6	141	9	92,4

Tabelle 3
Angefallene Antibiotica-Einzelleistungen und arithmetische Mittel von k Selektanten auf zwei verschiedenen Testebenen

Selektante	Leistungen auf Testebene 1	Mittelwert	Leistungen auf Testebene 2	Mittelwert
1	$x_{11}, \ldots, x1m_1$	$\bar{x}_1$	$y_{11}, \ldots, y1n_1$	$\bar{y}$
2	$x_{21}, \ldots, x2m_2$	$\bar{x}_2$	$y_{21}, \ldots, y2n_2$	$\bar{y}_2$
$\vdots$	$\vdots$		$\vdots$	
k	$xk1, \ldots, xkm_k$	$\bar{x}_k$	$yk1, \ldots, ykn_k$	$\bar{y}_k$

durch die Größe

$$r(u, v) = \frac{\sum (u_i - \bar{u})(v_i - \bar{v})}{\sqrt{\sum (u_i - \bar{u})^2 \sum (v_i - \bar{v})^2}}$$

geschätzt werden.

In unserem Falle stellen die Selektanten die Individuen dar. Die zwei Größen, deren Korrelation interessiert, sind die Leistungen auf den Testebenen 1 und 2. Jedoch sind diese Leistungen bei einer Selektante keine Werte, die nur einmal ermittelt werden brauchen und dann feststehen bzw. reproduzierbar sind. Vielmehr schwanken die Werte, die sich bei Parallelkulturen mit ein und derselben Selektante ergeben, teilweise erheblich. Aus diesem Grunde kann die soeben geschilderte Schätzung der Korrelation nicht mit den ermittelten Leistungen vorgenommen werden — auch dann nicht, wenn pro Selektante nur je ein Wert auf Testebene 1 und 2 ermittelt wurde. Es dürfen aus dem selben Grunde auch die arithmetischen Mittel $(\bar{x}_1, \bar{y}_1), \ldots, (\bar{x}_k, \bar{y}_k)$, nicht als Meßwerte betrachtet werden, d. h. es darf

$$r(\bar{x}, \bar{y}) = \frac{\sum (\bar{x}_i - \bar{\bar{x}})(\bar{y}_i - \bar{\bar{y}})}{\sqrt{\sum (\bar{x}_i - \bar{\bar{x}})^2 \sum (\bar{y}_i - \bar{\bar{y}})^2}}$$

nicht als das gesuchte Maß der Korrelation angesehen werden. Denn die arithmetischen Mittel sind ebenfalls keine feststehenden, reproduzierbaren Werte. Außerdem haben sie wegen der unterschiedlichen Anzahlen $m_1, \ldots, m_k$ und $n_1, \ldots, n_k$ unterschiedliche Streuungen, was gegen die bei Korrelationsbetrachtungen erforderliche Annahme der identischen Verteilung der Meßpaare spricht.

Da es also für Korrelationsrechnungen unabdingbar ist, pro Selektante nur je einen festen Wert für die beiden Testebenen zu benutzen und da im Grunde genommen nur die Korrelation zwischen den mittleren, von den Schwankungen befreiten Leistungen interessiert, definieren wir durch folgenden Modellansatz pro Stamm mittlere Leistungen für die beiden Stufen. Wir setzen für die symbolischen Leistungen x_{ij} und y_{il} (vgl. Tab. 3)

$$x_{ij} = a_i + e_{ij}\,, \qquad y_{il} = b_i + d_{il}$$

a_i und b_i sind feste mittlere Werte der Leistung des i-ten Stammes auf den Testebenen 1 und 2. e_{ij} und d_{il} stellen Schwankungen der real anfallenden Leistungswerte um diese festen mittleren Werte dar. e_{ij} und d_{il} sollen im Mittel Null sein, d. h. $Ee_{ij} = Ed_{il} = 0$. Wir können nun die angefallenen Leistungen analog zu Tabelle 3 auf die in Tabelle 4 dargestellte Weise symbolisieren.

Nach Einführung dieses statistischen Modells besteht die Aufgabe darin, den Korrelationskoeffizienten

$$\varrho(a, b) = \frac{\text{Cov}\,(a, b)}{\sqrt{\text{Var}\,a\ \text{Var}\,b}}$$

zu schätzen. Da sich jedoch die Wertepaare $(a_1, b_1), \ldots, (a_k, b_k)$ nicht beobachten lassen, kann $\varrho(a, b)$ nicht durch

$$\frac{\sum (a_i - \bar{a})(b_i - \bar{b})}{\sqrt{\sum (a_i - \bar{a})^2 \sum (b_i - \bar{b})^2}}$$

geschätzt werden. Deshalb müssen wir nach einer anderen Schätzung suchen. Wir machen für unser Modell die übliche Annahme, daß jeweils gleiche Verteilungen vorliegen für $a_1, \ldots, a_k$, für $b_1, \ldots, b_k$, für die e_{ij} sowie für die d_{il}. Die zugehörigen Varianzen bezeichnen wir mit $\sigma_a^2, \sigma_b^2, \sigma_e^2, \sigma_d^2$. Außerdem nehmen wir an, daß Unabhängigkeiten vorliegen zwischen a_i und a_j, b_i und b_j, a_i und e_{ij}, b_i und d_{il}, a_i und d_{ij}, b_i und e_{ij}, e_{ij} und

Tabelle 4
Angefallene antibiotische Leistungen und nichtbeobachtbare feste mittlere Leistungen von k Selektanten auf zwei verschiedenen Testebenen

Selektante	Leistungen auf Testebene 1	mittl. Leistg.	Leistungen auf Testebene 2	mittl. Leistg.
1	$a_1 + e_{11}, \ldots, a_1 + e_{1m_1}$	a_1	$b_1 + d_{11}, \ldots, b_1 + d_{1n_1}$	b_1
2	$a_2 + e_{21}, \ldots, a_2 + e_{2m_2}$	a_2	$b_2 + d_{21}, \ldots, b_2 + d_{2n_2}$	b_2
⋮	⋮	⋮	⋮	⋮
k	$a_k + e_{k1}, \ldots, a_k + e_{km_k}$	a_k	$b_k + d_{k1}, \ldots, b_k + d_{kn_k}$	b_k

d_{il}. Dann erhalten wir

$$\text{Var}\, x_{ij} = \text{Var}\, a_i + \text{Var}\, e_{ij} = \sigma_a^2 + \sigma_e^2$$

$$\text{Var}\, y_{il} = \text{Var}\, b_i + \text{Var}\, d_{il} = \sigma_b^2 + \sigma_d^2$$

$$\text{Cov}\,(x_{ij}, y_{il}) = \text{Cov}\,(a_i, b_i) + \text{Cov}\,(b_i, e_{ij}) + \text{Cov}\,(b_i, e_{ij}) + \text{Cov}\,(e_{ij}, d_{ij}) = \text{Cov}\,(a, b)\,.$$

Außerdem ergibt sich

$$\text{Cov}\,(\bar{x}_i, \bar{y}_i) = \frac{1}{m_i}\frac{1}{n_i} E \sum_{j=1}^{m_i} x_{ij} \sum_{j=1}^{n_i} y_{ij} - E\bar{x}_i\, E\bar{y}_i = Eab - EaEb = \text{Cov}\,(a, b)\,.$$

Bekanntlich ist $\frac{1}{k-1} \sum (\bar{x}_i - \bar{\bar{x}})(\bar{y}_i - \bar{\bar{y}})$ eine (erwartungstreue) Schätzung von $\text{Cov}\,(\bar{x}_i, \bar{y}_i)$ und damit von $\text{Cov}\,(a, b)$. Somit können wir den Zähler von $\varrho(a, b)$ aus den Paaren $(\bar{x}_1, \bar{y}_1), \ldots, (\bar{x}_k, \bar{y}_k)$ schätzen. Schwieriger ist die Schätzung des Nenners, d. h. die Schätzung von σ_a^2 und σ_e^2. Es handelt sich dabei um ein Problem der Varianzkomponentenschätzung. In GUIARD und HERRENDÖRFER (1977) sind im Zusammenhang mit einem anderen Korrelationsproblem zwei unterschiedliche Schätzungen von σ_a^2 und σ_b^2 angegeben. Wir entschieden uns für folgende, in der Idee auf SNEDECOR (1948) zurückgehende Schätzungen:

$$\widehat{\sigma_a^2} = \frac{\sum_{i=1}^{k} (\bar{x}_i - \bar{\bar{x}})^2}{k-1} - k_x \frac{\sum_{i=1}^{k} \sum_{j=1}^{m_i} (x_{ij} - \bar{x}_i)^2}{m_1 + \ldots + m_k - k}$$

$$\widehat{\sigma_b^2} = \frac{\sum_{i=1}^{k} (\bar{y}_i - \bar{\bar{y}})^2}{k-1} - k_y \frac{\sum_{i=1}^{k} \sum_{j=1}^{ni} (y_{ij} - \bar{y}_i)^2}{n_1 + \ldots + n_k - k_k}$$

wobei

$$k_x = \frac{\sum_{i=1}^{k} \frac{1}{m_i}}{k}, \qquad k_y = \frac{\sum_{i=1}^{k} \frac{1}{n_i}}{k}\,.$$

Damit erhalten wir als Schätzung $\varrho(a, b)$ die Größe

$$r(a, b) = \frac{\frac{1}{k-1} \sum_{i=1}^{k} (\bar{x}_i - \bar{\bar{x}})(\bar{y}_i - \bar{\bar{y}})}{\sqrt{\widehat{\sigma_a^2}\widehat{\sigma_b^2}}},$$

wobei $r(a, b) - 1$ bzw. $+1$ zu setzen ist, falls sich ein Wert kleiner als -1 bzw. größer als $+1$ ergibt.

Aus Gründen des Vergleichs und der numerischen Berechnung erscheint es sinnvoll, den Zusammenhang zwischen $r(a, b)$ und $r(\bar{x}, \bar{y})$ anzugeben. Beide Größen haben den gleichen Zähler. Es ergibt sich

$$r(a, b) = \frac{r(\bar{x}, \bar{y})}{\sqrt{\dfrac{\dfrac{\sum (\bar{x}_i - \bar{\bar{x}})^2}{k-1} \dfrac{\sum (\bar{y}_i - \bar{\bar{y}})^2}{k-1}}{\left[\dfrac{\sum (\bar{x}_i - \bar{\bar{x}})^2}{k-1} - k_x \dfrac{\sum \sum (x_{ij} - \bar{x}_i)^2}{\sum m_i - k}\right]\left[\dfrac{\sum (y_i - \bar{\bar{y}})^2}{k-1} - k_y \dfrac{\sum \sum (y_{ij} - \bar{\bar{y}})^2}{\sum n_i - k}\right]}}}$$

Da der Ausdruck unter der Wurzel stets kleiner als 1 ist, ist $r(a, b)$ stets größer als $r(\bar{x}, \bar{y})$. Folglich wird die interessierende Korrelation unterschätzt, falls $r(\bar{x}, \bar{y})$ als Maß verwendet wird. Da

$$\frac{\sum \sum (x_{ij} - \bar{x}_i)^2}{\sum m_i - k} \quad \text{und} \quad \frac{\sum \sum (y_{ij} - \bar{y}_i)^2}{\sum n_i - k}$$

Schätzungen von σ_e^2 und σ_d^2 sind, wird der Unterschied zwischen $r(a, b)$ und $r(\bar{x}, \bar{y})$ besonders groß ausfallen, wenn σ_e^2 und σ_d^2 relativ groß sind, d. h. wenn große Meßfehler und breite Leistungsverteilungen bei den einzelnen Selektanten auftreten.

Für die routinemäßige Berechnung des vorgestellten Korrelationskoeffizienten wurde ein Computerprogramm erarbeitet.

In der Arbeit von Guiard und Herrendörfer (1977), in der es um ein Problem der tierzüchterischen Genetik geht, ist ohne nähere Herleitung ein Korrelationsmaß angegeben, das bis auf einen für das dortige Problem spezifischen Faktor mit unserem $r(a, b)$ identisch ist. Das in unserer Arbeit vorgestellte statistische Modell und das zugehörigeKorrelationsmaß $\varrho(a, b)$ bzw. $r(a, b)$ sind nicht nur in der hier beschriebenen biologischen Situation einsetzbar, sondern überall dort, wo die Korrelation von nichtbeobachtbaren mittleren Meßwerten interessiert.

Erwähnt sei, daß auf der Grundlage von Guiard und Herrendörfer (1977) eine Planung von k, m_i und n_i möglich ist. In unserem Falle heißt das, daß die Anzahl von Selektanten und die Anzahlen von Parallelbestimmungen angegeben werden können, die nötig sind, um $\varrho(a, b)$ mit einer vorgegebenen Genauigkeit zu schätzen.

In Tabelle 5 sind die Werte von $r(a, b)$ und $r(\bar{x}, \bar{y})$ angegeben, die aus den Daten der Selektanten berechnet wurden, deren Mittelwerte in den Tabellen 1 und 2 prozentual angegeben sind. Wegen der relativ starken Schwankungen der Potenzindizes bei *Penicillium chrysogenum* ist dort der Unterschied zwischen $r(a, b)$ und $r(\bar{x}, \bar{y})$ besonders groß, und die interessierende Korrelation erreicht mit $r(a, b) = 0{,}72$ eine beachtliche Höhe. Bei *Streptomyces noursei* JA 3890 b erreicht $r(a, b)$ den relativ hohen Wert 0,78. Der Unterschied zu $r(\bar{x}, \bar{y})$ ist allerdings unbedeutend.

Tabelle 5
Schätzwerte $r(a, b)$ des Koeffizienten $\varrho(a, b)$ der Korrelation zwischen mittleren antibiotischen Leistungen zweier Prüfebenen und Schätzwerte $r(\bar{x}, \bar{y})$ aus den arithmetischen Mitteln (zum Vergleich)

Stamm	$r(a, b)$	$r(\bar{x}, \bar{y})$
Streptomyces noursei JA 3890 b	0,78	0,74
Penicillium chrysogenum	0,72	0,47

Professor Dr. F. Bergter veranlaßte mit Nachdruck die Untersuchung der Korrelation von antibiotischen Leistungsangaben verschiedener Prüfebenen. Mit Dr. V. Guiard fanden mehrere sehr wertvolle Diskussionen zur statistischen Fragestellung statt. Er verwies auf entsprechende Literaturstellen und stellte Literatur zur Verfügung. Dr. W. RAUSCH hat wesentliche Arbeiten zur rechnerischen Auswertung geleistet. Unter seiner Anleitung entstand ein entsprechendes Rechnerprogramm. Für diese Bemühungen sei den drei Herren Dank und Anerkennung ausgesprochen.

Literatur

BALL, G. and MCGONAGLE, M. P., 1978. Development and evaluation of a potency index screen for detecting mutants of *Penicillium chrysogenum* having increased penicillin yields. J. Appl. Bacteriol., **45**, 67–74.

BRADLER, G. und THRUM, H., 1963. Nourseothricin A und B, zwei neue antibakterielle Antibiotica einer *Streptomyces noursei*-Variante. Z. allg. Mikrobiol., **3**, 105–112.

DITCHBURN, P., GIDDINGS, B. and MCDONALD, K. D., 1974. Rapid screening for the isolation of mutants of *Aspergillus nidulans* with increased penicillin yields. J. appl. Bacteriol., **37**, 515–523.

GRÄFE, U., BOCKER, H. und THRUM, H., 1979. Regulation der Glutaminsynthetasebildung in Streptomyceten. Z. allg. Mikrobiol., **19**, 235–246.

GUIARD, V. and HERRENDÖRFER, G., 1977. Estimation of the genetic correlation coefficient by half sib analysis if the characters are measured on different offsprings. Biom. J., **19**, 31–36.

KNÖLL, H., BRADLER, G., SCHICHT, G. und FORBERG, W., 1981. Das Autoselect-System — ein Automatensystem zur Selektion von Antibiotikaproduzenten. Acta biotechnol., **1**, 167–174.

MÜHLIG, P., FREYSOLDT, CH., BRADLER, G. und KÜHNE, CH., 1981. Einsatz der automatischen Bildanalyse beim screening von leistungsfähigen Selektanten Turimycin-bildender Stämme. Z. allg. Mikrobiol., **21**, 591–600.

MÜLLER, G., FIEDLER, G., NOACK, D. und SCHICHT, G., 1980. Wachstumskinetik der Kolonien und Hemmhöfe von Leistungsvarianten des Turimycinbildners *Streptomyces hygroscopicus* JA 6599. Z. allg. Mikrobiol., **20**, 335–344.

SCHICHT, G., BRADLER, G., STEINIGER, H. und KNÖLL, H., 1981. Das Autoselecsystem — ein Automatensystem zur Selektion von Antibiotikaproduzenten. Acta biotechnol., **1**, 300–303.

SNEDECOR, G. W., 1948. Statistical Methods. The Iowa State College Press, Ames, Iowa (4th Edition).

TRILLI, A., CONSTANZI, I., LAMANNA, F. and DI DIO N., 1982. Development of the agar disc method for the rapid screening of strains with increased productivity. J. Chem. Techn. Biotechnol., **32**, 281–291.

Anschrift: Dr. M. HORN, Zentralinstitut für Mikrobiologie und experimentelle Therapie der AdW, DDR-6900 Jena, Beutenbergstr. 11

Buchbesprechung

A. FIECHTER (Editor), Microbial Reactions. 187 S., 63 Abb. 47 Tab. Berlin 1983. Akademie-Verlag. M 88,00.

Das in der Reihe „Advances in Biochemical Engineering" als Originalband 23 erschienene, vorliegende Buch enthält vier Beiträge: „Regulation of Glucose Metabolism in Bacterial Systems" von H. W. DOELLE, K. N. EWINGS and N. W. HOLLYWOOD, „Ethanol Production by *Zymomonas mobilis*" von P. L. ROGERS, K. J. LEE, M. L. SKOTNICKI and D. E. TRIBE, „Growth Kinetics of Photosynthetic Microorganisms" von S. AIBA und „The Nature of Lignocellulosics and Their Pretreatments of Enzymatic Hydrolysis" von L. T. FAN, Y.-H. LEE and M. M. GHARPURAY.

Im ersten Beitrag werden die in den letzten 10 Jahren erreichten Fortschritte bei der Aufklärung des PASTEUR- oder Sauerstoff-Effekts und des CRABTREE-Effekts in Bakterien dargestellt. Der zweite Beitrag enthält neben Kapiteln zur mikrobiologischen und biochemischen Charakterisierung der Ethanolbildung durch *Zymomonas* auch solche zur Genetik und Selektion hochproduktiver Stämme, deren Besonderheit u. a. die Fähigkeit ist, hohe Zuckerkonzentrationen bis zu $400\ g \cdot l^{-1}$ zu tolerieren. Den Abschluß bildet ein Kapitel über die Entwicklung effektiver Verfahren unter Berücksichtigung von Zellrückführung, Vakuumfermentation und immobilisierter Zellen. Im Mittelpunkt des folgenden Abschnitts stehen methodische Fragen der Lichtstreuung und des Quantenbedarfs photosynthetischer Mikroorganismen für die Biomasseertragsbildung sowie Probleme der Kontrolle des Algenwachstums durch Umgebungsfaktoren und deren Modellierung. Der vierte Beitrag gibt eine Übersicht über physikalische und chemische Vorbehandlungsmethoden von Lignocellulose-Materialien, die die enzymatische Hydrolyse derartiger Rohstoffe verbessern sollen, ein Beitrag, der die biotechnologische Durcharbeitung des möglichen Einsatzes sog. Alternativrohstoffe verdeutlicht.

Alle Beiträge sind übersichtlich gehalten sowie im Umfang begrenzt und gestatten daher dem Mikrobiologen oder Biotechnologen, sich auf dem betreffenden Spezialgebiet in kurzer Zeit den neuesten Wissensstand zu verschaffen.

M. HILLIGER (Jena)

Zeitschrift für allgemeine Mikrobiologie 24 (1984) 7, 451–458

(Akademie der Wissenschaften der DDR, Forschungszentrum für Molekularbiologie und Medizin, Zentralinstitut für Mikrobiologie und experimentelle Therapie, Jena)

Berechnung wachstumskinetischer und produktbildungskinetischer Parameter von Antibioticafermentationen

W. A. KNORRE und A. ERDMANN

Herrn Prof. Dr. F. BERGTER zum 60. Geburtstag gewidmet

(Eingegangen am 4. 1. 1984)

The well-known logistic growth function is used for evaluation of fermentation runs if only the product (and biomass) data are available. Three programs, PMAX, MYX, KP, are presented for use on a minicomputer. The program PMAX (MYX) performs an iterative least-square fit of product (biomass) data to the 3-parametric logistic function. Additionally the program PMAX calculates the product kinetic parameters (maximum product concentration, maximum productivity and lag time of product formation), the program MYX the growth kinetic parameters (x_{max} and μ_{max}) and KP the time course of specific product formation rate. Finally, the errors of the optimized parameters and a graphic representation of measured data and the calculated logistic functions are printed out.

Für die Optimierung von industriellen Fermentationsverfahren stellt die Analyse der Wachstums- und Produktbildungskinetik einen wesentlichen Schritt dar. Wenn Nährmedien bekannter, definierter Zusammensetzung verwendet werden und ein entsprechender analytischer Aufwand getrieben wird, ist es bei Berücksichtigung bestimmter Forderungen möglich, die Wachstums- und Produktbildungskinetik exakt zu analysieren und durch kinetische Modelle gut zu beschreiben. In der Monografie von BERGTER (1983) werden dafür zahlreiche Beispiele gegeben. Während auf der Laborstufe oft mit Glucose-Mineralsalzmedien gearbeitet wird, kommen bei industriellen Verfahren meist komplexe Nährmedien zum Einsatz, die eine Prozeßanalyse und mathematische Modellierung erheblich erschweren. Allerdings lassen sich auch in solchen Fällen kinetische Modelle mit Erfolg an die experimentellen Daten anpassen, wenn die Substrat-, Biomasse- und Produktbildungskinetik experimentell hinreichend gut verfolgt werden kann (PEISSKER *et al.* 1984). Bei Verfahren im halbtechnischen Maßstab oder in der industriellen Produktion stehen jedoch häufig außer den üblichen physikochemischen Meßwerten wie Temperatur und pH nur die Daten der Produktkonzentration und in selteneren Fällen der Biomasse zur Verfügung. Eine Modellierung im oben erwähnten Sinn und eine modellgestützte Optimierung sind dann nicht mehr möglich. Deshalb wird in dieser Arbeit ein Verfahren zur Beschreibung und Reduzierung der Daten vorgeschlagen, das auf einem einfachen mathematischen Modell beruht und einen ersten Schritt für die Quantifizierung des Prozesses darstellt. Die auf diese Weise gewonnenen Parameter sollen hinsichtlich der Produktbildungs- und Wachstumskinetik interpretierbar sein, um einen Vergleich von verschiedenen Fermentationsläufen, etwa den Fermentationsläufen einer Optimierungsserie, zu ermöglichen.

Im Unterschied zur Datenbeschreibung durch stückweise lineare Approximation (KNORRE *et al.* 1978) oder durch Spline-Funktionen (REIMANN u. MUND 1984) legen wir der Datenauswertung ein einfaches mathematisches Wachstumsmodell zugrunde. Weil bei diskontinuierlichen Fermentationen sowohl der Verlauf der Biomasse als auch der des Produktes häufig durch eine S-förmige Kurve gekennzeichnet ist, benutzen wir das bekannte logistische Wachstumsmodell, das für viele Wachstumsprozesse erfolgreich angewendet worden ist. Von KRETSCHMANN und WINGERT (1971) wurden drei- und fünfparametrische logistische Funktionen für das Wachstum von Säugetierorganen benutzt.

Theorie und Methoden

Die Zunahme der Biomasse x wird allgemein durch dx/dt beschrieben, wobei die spezifische Wachstumsrate μ in komplizierter Weise von den Milieubedingungen abhängt und für ein bestimmtes Fermentationsverfahren einen charakteristischen zeitlichen Verlauf $\mu(t)$ besitzt, der einen Maximalwert μ_{max} aufweist und mit zunehmender Biomasse gegen Null geht. Diese Tatsache läßt sich durch das logistische Wachstumsmodell folgendermaßen berücksichtigen:

$$\frac{dx}{dt} = \mu_{max}\left(1 - \frac{x}{x_{max}}\right)x\,, \qquad x(0) = x_0 \tag{1}$$

Gemäß Definition ergibt sich somit für die spezifische Wachstumsrate μ

$$\mu = \frac{1}{x}\frac{dx}{dt} = \mu_{max}\left(1 - \frac{x}{x_{max}}\right).$$

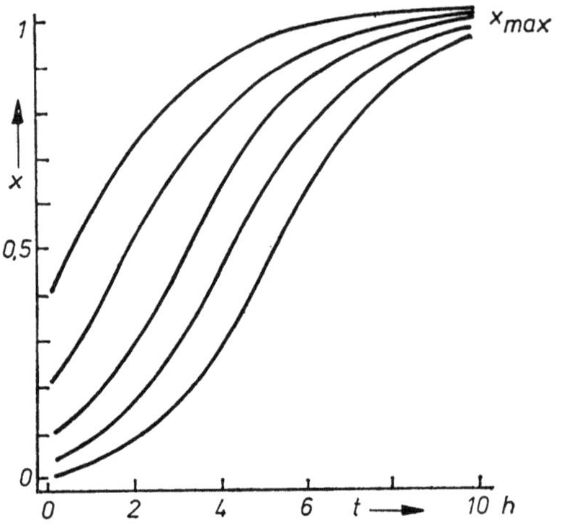

Abb. 1
Verlauf der Wachstumskurven für logistisches Wachstum entsprechend Gl. (1) für $x_{max} = 1$ und $x_0 = 0{,}025$; $0{,}05$; $0{,}1$; $0{,}2$; $0{,}4$ und für $\mu_{max} = 0{,}69\ h^{-1}$, nach KNORRE (1971)

Da x eine Funktion der Zeit ist, stellt der in der Klammer stehende Ausdruck eine zeitabhängige Größe dar, die bewirkt, daß die Kultur nahezu exponentiell mit $\mu = \mu_{max}$ wächst, solange x im Verhältnis zu x_{max} klein bleibt. Mit zunehmendem x wird $\mu(t)$ kleiner und erreicht schließlich für $x = x_{max}$ den Wert Null. Wenn x_0 im Verhältnis zu x_{max} klein ist, verläuft die Biomasse $x(t)$ S-förmig. Für größere x_0 geht $x(t)$ in Wachstumskurven über, die scheinbar nur aus einer linearen Phase bestehen, die schließlich in eine stationäre Phase einmündet. Eine solche Kurvenschar in Abhängigkeit von x_0 für die Gleichung (1) ist in Abbildung 1 dargestellt.

Da die Bildung mikrobieller Produkte p häufig der Biomasse proportional ist, findet man Produktbildungskurven, die den Wachstumskurven in Abbildung 1 ähnlich sind. Folglich ist es möglich, auch die Produktbildung analog zu Gl. (1) formal durch eine logistische Funktion zu beschreiben. Entsprechend Gl. (1) ergibt sich für p:

$$\frac{dp}{dt} = k\left(1 - \frac{p}{p_{max}}\right)p\,, \qquad p(0) = p_0\,, \tag{2}$$

wobei angenommen wird, daß eine maximale Produktkonzentration (etwa durch Produkthemmung) existiert, und daß bei Annäherung an diesen Maximalwert die Produktbildungsrate dp/dt vermindert wird. k bezeichnen wir als Produktbildungskoeffizienten, der durch Gl. (2) definiert ist.

Die Anpassung des logistischen Wachstumsmodells an experimentelle Daten kann entweder über die Differentialgleichungen (1) bzw. (2) oder über die analytische Lösung dieser Differentialgleichungen erfolgen, die die einfache Form

$$x(t) \quad \text{bzw.} \quad p(t) = \frac{A}{1 + e^{\alpha - \beta t}} \quad \text{mit} \quad A, \alpha, \beta > 0 \tag{3, 4}$$

besitzt.

Die Differentialgleichungen (1) bzw. (2) enthalten x_0 bzw. p_0, x_{max} bzw. p_{max} und μ_{max} bzw. k als zu schätzende Parameter. Die Parameterschätzung über die Differentialgleichung erfordert einen Analogcomputer (Knorre 1971) oder bei höheren Ansprüchen an die Genauigkeit einen Großrechner. Dagegen ist die Schätzung der Parameter A, α, β in der analytischen Lösung Gl. (3, 4) mit einem Tisch- oder Kleinrechner möglich. Sowohl die Differentialgleichung als auch deren analytische Lösung Gl. (3, 4) enthalten drei voneinander unabhängige Parameter. Aus diesem Grunde bezeichnet man diesen Typ als 3-parametrige logistische Wachstumsfunktion. Insgesamt ergeben sich jedoch vier Parameter *P0*, *P1*, *P2* und *P3*, zwischen denen folgende einfache Zusammenhänge bestehen:

— *P0* ist der Anfangswert x_0 bzw. p_0; g/l
— *P1* ist der Maximalwert x_{max} bzw. p_{max}, er ist gleich A in Gl. (3, 4); g/l
— *P2* ist ein Lageparameter der Kurvenschar in Abbildung 1 und entspricht dem α in Gl. (3, 4), er hängt von *P1* und *P0* folgendermaßen ab: $P2 = \ln(P1/P0 - 1)$; dimensionslos
— *P3* ist μ_{max} bzw. k in Gl. (1), (2) und gleich β in Gl. (3, 4); Maßeinheit h^{-1}.

Für die praktische Anwendung von Gl. (3, 4) zur Auswertung wachstums- bzw. produktbildungskinetischer Daten wurden für den Kleinrechner KRS 4200 drei DIWA-Programme PMAX, MYX und KP erstellt (Erdmann 1983), die auf dem Parameterschätzverfahren RALAU (Programmautor Dr. Schütz, ZIMET) beruhen. Sie werden im folgenden kurz charakterisiert.

Programmbeschreibung zu PMAX

Das Programm PMAX paßt eine logistische Funktion

$$p(t) = \frac{A}{1 + e^{\alpha + \beta t}} \qquad A, \alpha, \beta < 0 \tag{4}$$

an produktkinetische Daten an. Hierzu werden Anfangsschätzwerte für die Parameter A, α, β errechnet. Diese Schätzwerte werden dann nach dem Gauss-Newton-Verfahren iterativ optimiert. Aus den optimierten Parametern werden weitere Größen berechnet. Es sind dies der Zeitpunkt *TW* des Wendepunktes, die scheinbare Verzögerungszeit *TLAG*, die maximale Produktivität *DPMAX* und der Wert *PEXT*, der Produktkonzentration, der sich nach Ablauf der Fermentationszeit *FD* einstellen würde, wenn es gelänge, die maximale Produktivität zur Zeit *TW* bis zum Fermentationsende beizubehalten. Abbildung 2 veranschaulicht die Bedeutung dieser Größen. Sie hängen mit den Parametern A, α und β in einfacher Weise zusammen.

— Zeitpunkt des Wendespunktes $TW = \dfrac{\alpha}{\beta}$ (5)

— Produktkonzentration am Wendepunkt $p(TW) = \dfrac{A}{2} = \dfrac{p_{max}}{2}$ (6)

Aus der Tangentengleichung im Wendepunkt ergibt sich zum Zeitpunkt $t = FD$ (Fermentationsdauer)

| die extrapolierte Produktkonzentration

$$PEXT = 0{,}25A(\beta \cdot FD + 2 - \alpha) \tag{7}$$

— die scheinbare Verzögerung $TLAG = \frac{\alpha - 2}{\beta}$ und (8)

— die maximale Produktivität $DPMAX = 0{,}25A \cdot \beta$. (9)

Für die Anpassung des Modells (3) bzw. (4) können die gemessenen experimentellen Daten ($PMESS$ bzw. $XMESS$) mit Gewichten (GEW) versehen werden. Sowohl für die Ermittlung der Anfangsschätzwerte von A, α und β als auch für ihre Optimierung durch Minimierung der Fehlerquadratsumme zwischen den gemessenen und berechneten Werten wird das Programm RALAU verwendet.

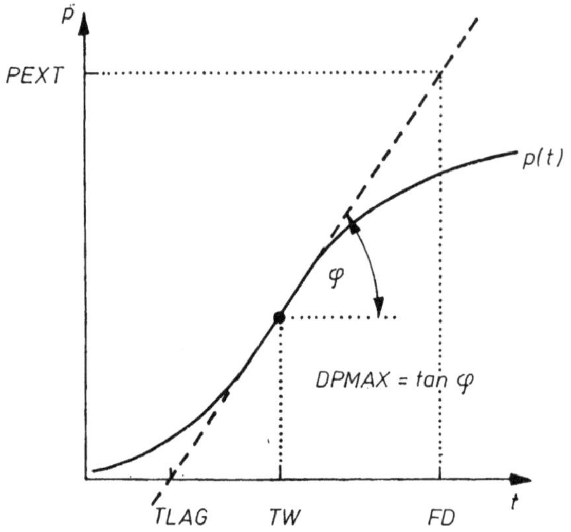

Abb. 2
Typischer sigmoider Verlauf einer Produktbildungskurve $p(t)$. $TLAG$ — scheinbare Verzögerung der Produktbildung, TW — Zeitpunkt des Wendepunktes, $DPMAX$ — maximale Produktbildungsrate, FD — Fermentationsdauer, $PEXT$ — extrapolierter Wert der Produktkonzentration für den Zeitpunkt FD

Das Programm PMAX druckt die Werte der optimierten Parameter $P0$, $P1$, $P2$, $P3$, deren Fehler $FP1$, $FP2$, $FP3$ sowie die daraus abgeleiteten Größen $DPMAX$ (maximale Produktivität in g/l · h), TW (Zeitpunkt des Wendepunktes in h), $TLAG$ (scheinbare Verzögerung der Produktbildung in h) und $PEXT$ (maximal erreichbare Produktkonzentration für $t = FD$ in g/l) aus. Außerdem wird eine Tabelle mit den gemessenen ($PMESS$) und berechneten ($PBER$) Werten und der Differenz beider ($DIFF$), dem Gewichtsfaktor (GEW) und der berechneten Produktivität ($DPBER/DT$) ausgegeben. Weiterhin ist eine grafische Ausgabe der logistischen Kurve und der Mittelwerte der Meßwerte über den Seriendrucker möglich.

Programmbeschreibung MYX

Das Programm MYX paßt in analoger Weise zu PMAX die logistische Funktion (3) an wachstumskinetische Parameter an. Die Ausgabe der optimierten Parameter x_0, x_{max}, μ_{max}, deren Fehler, der abgeleiteten Größen TW, TLAG, der Tabelle sowie der Grafik erfolgt sinngemäß wie im Programm PMAX.

Programmbeschreibung KP

Das Programm KP berechnet die spezifische Produktbildungsrate entsprechend der Definitionsgleichung

$$\frac{dp}{dt} = k_p x \quad \text{bzw.} \quad k_p = \frac{1}{x} \cdot \frac{dp}{dt}. \tag{10}$$

Unter Verwendung der Parameter A, α und β aus den Programmen PMAX bzw. MYX stellt KP den zeitlichen Verlauf von $k_p(t)$ grafisch dar.

Ergebnisse

Die Programme PMAX, MYX und KP wurden für eine Reihe von Fermentationsläufen einer Antibioticumverfahrensoptimierung eingesetzt. Sie ermöglichen durch ihre stufenweise Anwendbarkeit auch dann eine Auswertung von Fermentationsläufen, wenn aus technischen oder anderen Gründen nur die Produktkonzentration während des Fermentationslaufes gemessen wurde. Wenn auch die Biomassedaten, z.B. über eine Trockengewichtsbestimmung oder Sedimentmethode, zur Verfügung

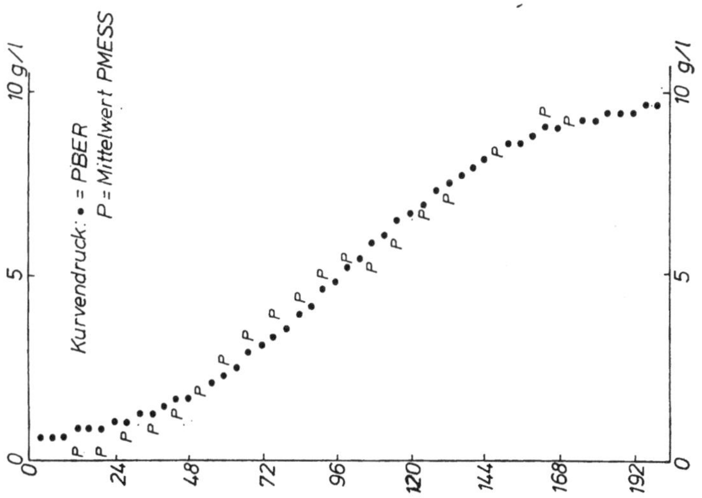

Abb. 3
Anpassung einer logistischen Funktion an die Meßwerte p einer Antibioticumfermentation mit dem Programm PMAX

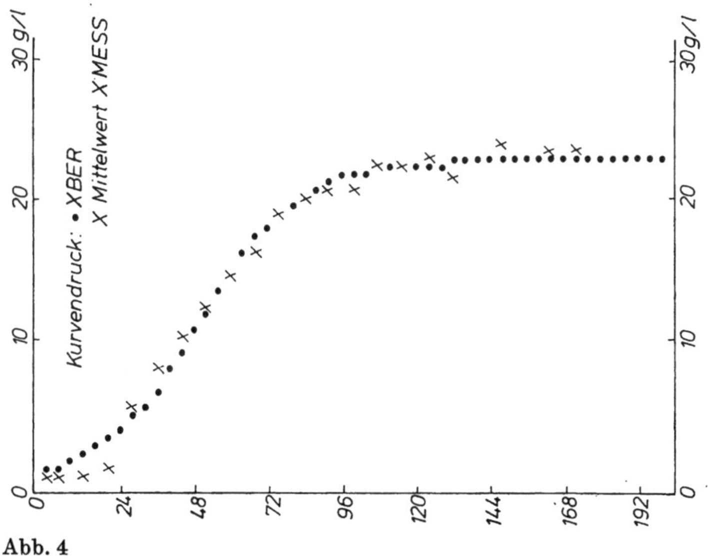

Abb. 4
Anpassung einer logistischen Funktion an die Meßwerte x einer Antibioticumfermentation mit dem Programm MYX

standen, konnten die einzelnen Fermentationsläufe auch hinsichtlich des zeitlichen Verlaufs der spezifischen Produktbildungsrate verglichen werden. Ein typisches Beispiel für die Anwendung der drei Programme zeigen die Abbildungen 3, 4 und 5.

Abbildung 3 gibt die grafische Darstellung der Anpassung einer logistischen Funktion an die Mittelwerte gemessener Produktkonzentrationen eines Fermentationslaufes

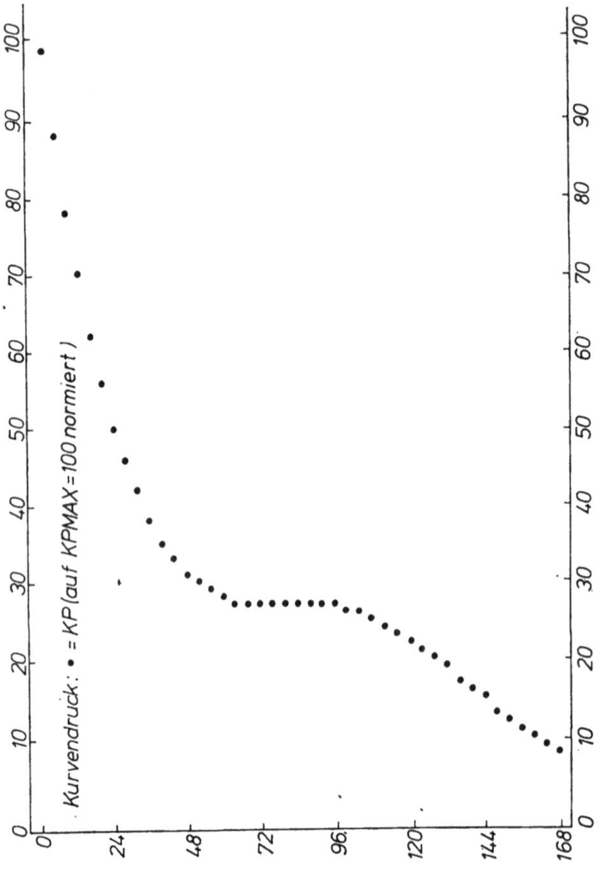

Abb. 5
Ausdruck des Verlaufes der spezifischen Produktbildungsrate mit dem Programm KP mit Hilfe der Parameter, die durch die Anpassungen entsprechend Abb. 3 und 4 erhalten wurden

von 171 h wieder. Für die optimierten Parameter wurden folgende Werte berechnet: $P0 = 0{,}388$ g/l, $P1 = 10{,}098$ g/l, $P2 = 3{,}221$, $P3 = 0{,}033\ \mathrm{h}^{-1}$ und für die Parameterfehler $FP1 = 0{,}644$ g/l, $FP2 = 0{,}24$ und $FP3 = 0{,}003\ \mathrm{h}^{-1}$. Die maximale Produktivität $DPMAX$ betrug 0,083 g/l · h, der Zeitpunkt des Wendepunktes $TW = 98$ h, die scheinbare Verzögerungszeit $TLAG = 37$ h und die maximal erreichbare Produktkonzentration $PEXT = 11{,}051$ g/l. Der mittlere Fehler der Anpassung betrug 0,407 g/l.

Abbildung 4 zeigt die Anpassung der logistischen Funktion an die Werte der Biomasse in g/l, die über eine Eichkurve mit Hilfe der Sedimentmethode bestimmt wurden (PEISSKER *et al.* 1984). Wegen der Symmetrieeigenschaften der 3-parametrigen logistischen Funktion schmiegt sich die berechnete Kurve für kleine Zeiten leider nicht allzu eng an die gemessenen Daten an. Für die optimierten Parameter wurden folgende Werte erhalten: $P0 = 1{,}019$ g/l, $P1 = 23{,}233$ g/l, $P2 = 3{,}082$ und $P3 = 0{,}062\ \mathrm{h}^{-1}$ und für die Parameterfehler $FP1 = 0{,}353$ g/l, $FP2 = 0{,}213$ und $FP3 = 0{,}004\ \mathrm{h}^{-1}$. Der Zeitpunkt TW des Wendepunktes ergab sich zu 49,8 h und die scheinbare Verzögerungszeit $TLAG$ zu 17,5 h. Der mittlere Fehler der Anpassung betrug 0,76 g/l.

Abbildung 5 zeigt den zeitlichen Verlauf der spezifischen Produktbildungsrate, der mit dem Programm KP aus den obengenannten Parametern berechnet wurde. Der Ausdruck erfolgt in normierter Darstellung. Dabei ist der maximale Wert von KP = $0{,}014\ \mathrm{h}^{-1}$ gleich 100 gesetzt.

Diskussion

Die 3parametrige logistische Wachstumsfunktion kann nicht nur zur Beschreibung von Wachstumsverläufen, sondern auch der Produktbildungskinetik, z.B. von Antibioticumfermentationen, vorteilhaft verwendet werden. Wenn bei diskontinuierlichen Fermentationsverfahren S-förmige Produktkonzentrationskurven auftreten, können durch das Programm PMAX produktbildungskinetische Parameter, wie maximale Produktkonzentration, maximale Produktivität oder Verzögerung der Produktbildung in einfacher Weise berechnet und zum Vergleich verschiedener Fermentationsläufe herangezogen werden. Dabei haben die so berechneten Parameter gegenüber einer Parameterschätzung aus einer Freihandkurve den Vorteil, durch die Minimierung der Fehlerquadratsumme über alle Werte ein größeres Maß an Objektivität zu besitzen. So ist man z.B. bei der Ermittlung der maximalen Produktkonzentration am Ende eines Fermentationslaufes nicht auf eine subjektive Auswahl eines Meßwertes angewiesen, sondern erhält einen Schätzwert mit Streuung, der durch den Gesamtverlauf der Produktkurve gestützt wird.

Nachteilig wirkt sich bei manchen Kurvenverläufen die Symmetrieeigenschaft der logistischen Kurve bezüglich des Wendepunktes aus. Dies führte besonders bei den von uns angepaßten Kurven zu einer Fehlanpassung im Anfangsteil der Produkt- bzw. Biomassekurven. Sowohl die Biomasse als auch die Produktkonzentration sind am Anfang sehr niedrig, aber die berechnete logistische Kurve ergibt einen relativ hohen Anfangswert x_0 bzw. p_0, weil die logistische Funktion erst für t gegen minus Unendlich den Wert Null annimmt. Dieser Mangel ließe sich durch einen additiven Term beheben. Ebenso können Abweichungen vom symmetrischen S-förmigen Verlauf durch eine 5-parametrige logistische Funktion der Form

$$p(t) = \frac{A}{1 + e^{\alpha + \beta t + \gamma t^2 + \delta t^3}}$$

erfaßt werden. Allerdings geht dies auf Kosten der Interpretierbarkeit der in der Gleichung enthaltenen Parameter. In diesen Fällen ist es daher wahrscheinlich besser, eine Glättung der Daten mit Hilfe von Spline-Funktionen vorzunehmen und aus den geglätteten Kurven die relevanten kinetischen Parameter zu. berechnen.

Durch die stufenweise Anwendbarkeit von PMAX, MYX und KP ist die von uns vorgeschlagene Methode der Auswertung von Fermentationsläufen auch dann noch zur Prozeßquantifizierung und -optimierung anwendbar, wenn als biologisch relevante Größen nur die Produktkonzentrationsdaten zur Verfügung stehen, was bei industriellen Fermentationsprozessen häufig der Fall ist. Das Verfahren erlaubt auch eine gewisse Abschätzung des zu erwartenden Maximalwertes der Produktkonzentration, wenn zum Zeitpunkt des Abbruchs der Fermentation der Maximalwert noch nicht erreicht ist. Allerdings sind solche Extrapolationen mit Vorsicht zu handhaben. In den von uns untersuchten Fermentationsläufen gelang es durch Optimierungsmaßnahmen beim folgenden Lauf, etwa den extrapolierten Wert der Produktkonzentration des vorhergehenden Laufes zu erreichen.

Für die Durchführung der Auswertung möchten wir Frau I. PROKOSCH und Frau Ing. CH. WEISE herzlich danken.

Literatur

BERGTER, F., 1983. Wachstum von Mikroorganismen. Experimente und Modelle. VEB Gustav Fischer Verlag Jena.

ERDMANN, A., 1983. Programmbeschreibungen PMAX, MYX, KP.

KNORRE, W. A., 1971. Analogcomputer in Biologie und Medizin. VEB Gustav Fischer Verlag Jena.

KNORRE, W. A., MUND, K. and JAKUBIK, L., 1978. Analysis of growth curves of microorganisms by piecewise linear approximation. Z. allg. Mikrobiol., **18**, 609—612.

KRETSCHMANN, H. J. und WINGERT, F., 1971. Computeranwendungen bei Wachstumsproblemen in Biologie und Medizin. Springer-Verlag Berlin—Heidelberg—New York.

PEISSKER, M., GUTHKE, R., NEUBERT, M. and KNORRE, W. A., 1984. Model aided dynamic process analysis and optimization for an antibiotic fermentation. Z. allg. Mikrobiol., **24**, 467—477.

REIMANN, B. und MUND, K., 1984. Zur off-line Auswertung fermentationskinetischer Daten: Berechnung phänomenologischer wachstumskinetischer Parameter mit dem Hybridrechnerprogramm MYKP-HA. Z. allg. Mikrobiol., **24**, 485—493.

SCHÜTZ, H., Programmbeschreibung RALAU.

Anschrift: Dr. sc. W. A. KNORRE, Zentralinstitut für Mikrobiologie und experimentelle Therapie der AdW, DDR-6900 Jena, Beutenbergstraße 11

Zeitschrift für allgemeine Mikrobiologie 24 (1984) 7, 459–465

(Akademie der Wissenschaften der DDR, Forschungszentrum für Molekularbiologie und Medizin, Zentralinstitut für Mikrobiologie und experimentelle Therapie, Jena)

Mathematical modelling of genetic segregation kinetics obtained with chemostat cultures of procaryotic microorganisms

D. NOACK, G. MÜLLER and M. ROTH

Dedicated to Prof. Dr. F. BERGTER on the occasion of his 60th birthday

(Eingegangen am 4. 1. 1984)

The total genetic information of procaryotic microorganisms is not absolutely stable and leads to alterations of components of populations with respect to the ratio of genotypes present. An excellent method for investigating such population genetic segregation kinetics is the chemostat allowing the continuous cultivation of microbial population under constant and reproducible conditions.

In order to quantitatively describe experimentally elaborated segregation kinetics a mathematical model is presented. The main parameters of this model are the segregation rate δ describing the transition between the original genotype and a segregated (mutated) genotype and the selection pressure σ describing the difference of the specific growth rates of the original genotype and the segregated one. A simple procedure is described for estimating both parameters mentioned above. This method is applied to the quantitative description of four sets of experimental segregation kinetics obtained with both unicellular and mycelial procaryotes with respect to chromosomal and extrachromosomal genetic information.

The phenomenon of genetic alteration and segregation in procaryotic microorganisms has been investigated quantitatively preferentially since the method of continuous cultivation by means of the chemostat (NOVICK and SZILARD 1950) was introduced into related research. Summaries concerning various aspects of continuous cultivation have been published by KUBITSCHEK (1970) and BERGTER (1983). Reviews focusing on population genetics and dynamics are given by NOACK (1968), HARDER and KUENEN (1977) and DYKHUIZEN and HARTL (1983). The last authors presented mathematical models for the dynamics of competition of two genetically different strains for a limiting substrate in a chemostat. In the following paper we propose a mathematical model upon population genetic processes in chemostat cultures of procaryotic microorganisms. This model is characterized by two parameters. The first one is a segregation rate δ describing the transition of the strain originally inoculated into the chemostat to a segregated strain which is genetically different from the original one. The second one is the selection pressure σ, which is the difference between the specific growth rate of the segregated strain and that of the original strain. A simple mathematical procedure is presented allowing the calculation of both parameters from segregation kinetics. This is demonstrated with experimental data already published.

The Model

Genetic segregation within a population of procaryotic microorganisms continuously cultivated in a chemostat is described by the following system of differential equations

$$\frac{dx}{dt} = [\mu - D]\, x - \delta x \tag{1}$$

$$\frac{dy}{dt} = [\lambda - D]\, y + \delta x \tag{2}$$

$$\frac{ds}{dt} = [s_R - s]\, D - \frac{\mu}{W} x - \frac{\lambda}{Z} y \tag{3}$$

x and y are the densities of two different genotypes present in the culture medium of the chemostat as mixed population in dependence on time t. The values of x and y are determined experimentally by counting the colonies grown out of colony-forming units withdrawn from the chemostat. The segregation rate δ describes the transition from genotype x to genotype y. It is proposed that the opposite transition from y to x does not occur. The dilution rate D is the fraction of the chemostat volume replaced per hour by inflow from the reservoir. The specific growth rates μ and λ are described by a conventional MICHAELIS saturation equation involving the external substrate concentration s of the forms

$$\mu = \mu_{\max} \frac{s}{K_s + s} \quad \text{and} \quad \lambda = \lambda_{\max} \frac{s}{L_s + s}\,.$$

s_R represents the substrate concentration in the chemostat reservoir. K_S and L_S are the respective saturation constants. W and Z are the yield coefficients of the respective strains. The differential equation system ((1), (2), (3)) can be transformed to the following differential equation

$$\frac{dF}{dt} = \sigma F^2 - (\sigma + \delta)\, F \tag{4}$$

where

$$F = \frac{x}{x + y} \quad \text{and} \quad \sigma = \lambda - \mu\,. \tag{5}$$

Equation (4) is solved by the function

$$F = \frac{\sigma + \delta}{\sigma + \delta \cdot e^{(\sigma + \delta)t}} \tag{6}$$

provided that $y(0) = 0$ and the parameters σ and δ are constant. This can be proposed with sufficient approximation after the chemostat exponentially reached a steady state which can be assumed to be realized not later than a few generations have proceeded (DYKHUIZEN and HARTL 1981).

The qualitative shape of the solution function in a semilogarithmic plot is shown in Fig. 1. At low generation numbers N the curve shows a shoulder, whereas at high N the curve becomes linear. N can be calculated by the equation $\tau = \ln 2/D$ for the generation time τ. With the extrapolation number En obtained by extrapolating the linear part of the curve and with the slope $\Delta \log F/\Delta N$ of the linear part of the curve, the parameters σ and δ can be calculated using

$$\frac{\tau}{\delta} = En - 1 \qquad (7) \qquad \text{and} \quad \sigma + \delta = -\frac{\ln 10}{\tau} \frac{\Delta \log F}{\Delta N} \tag{8}$$

Both parameters can be regarded to be quantitative measures characterizing experimental segregation kinetics obtained with chemostat populations of procaryotic microorganisms.

In the following the mathematical model (1), (2), (3) and the equation (7) and (8) allowing the calculation of parameters δ and σ should be applied to experimental data. Most of them are elaborated in our laboratory with except of the first example.

Calculation of σ and δ using experimental data

One of the earliest studies of competition between mutants and their prototrophic revertants cultivated in a chemostat was that of ZAMENHOF and EICHHORN (1967). On the basis of the hypothesis of LWOFF (1944) that auxotrophic mutants would have a selective advantage over isogenic prototrophs in nonselective media because of energy economy, they studied the competition of His$^-$ and Trp$^-$ auxotrophs with their prototrophic counterparts in *B. subtilis*. The chemostat was set at dilution rate $D = 0.17\ h^{-1}$; cultivation temperature 37 °C; glucose limitation with 0.55 mM in mineral salts medium. In any case the auxotrophic mutants favoured at a selection pressure of about $\sigma = 0.05\ h^{-1} = 0.2\ \tau^{-1}$. A transition from the prototrophic genotype to the auxotrophic genotype could not be detected during chemostat cultivation indicating that the segregation rate δ is much more less than σ. This agrees with the well-known fact that auxotrophic mutants in general appear spontaneously with a frequency less than $10^{-6}\tau^{-1}$. This order of magnitude is too low to be detected by population genetic experiments in the chemostat. From investigations by DYKHUIZEN (1978) it must be concluded that the hypothesis of LWOFF based on energy economy has not been confirmed.

The second experimental example discussed in terms of the model concerns instead of chromosomal one the segregation of extrachromosomal information.

NOACK *et al.* (1981) studied the elimination of vector plasmid *pBR 325* from two different *E. coli* K12 strains named GY 2354 and GM 31 at four different cultivation conditions. At desired times a sample from the chemostat is plated on both selective

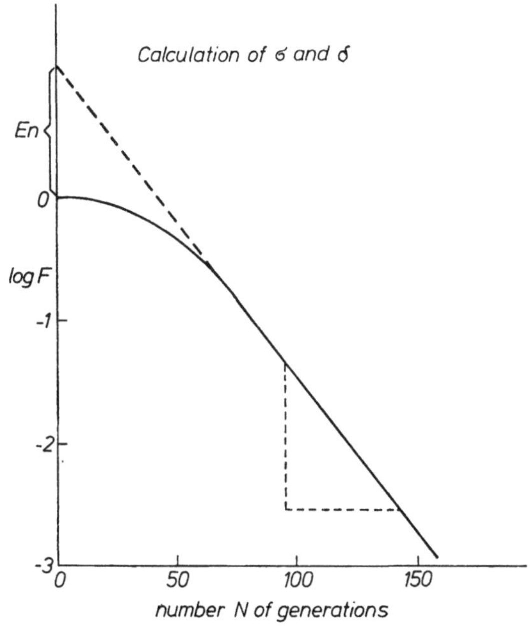

Fig. 1
Schematic representation of the principles for calculation of the model parameters σ and δ. The linear part of the experimental curve (solid line) at a high number N of generations corresponding to long time cultivation is extrapolated (dotted line) crossing the ordinate at a point called the extrapolation number En in terms of F. For example $En = 1$ at $\log F = 0$ and $En = 10$ at $\log F = 1$. The slope $\Delta \log F/\Delta N$ of the linear part of the experimental curve is calculated using the dotted triangle

medium containing one of the antibiotics the resistance of which is encoded by the plasmid, and on nonselective medium. The ratio of cells expressing resistance to ampicillin, chloramphenicol and tetracycline is plotted against the number of generations in the chemostat. In most cases the three resistance genes are co-segregated resulting from the elimination of the whole plasmid as it has been proved by gel electrophoresis of the cellular DNA isolated. In Table 1 the values of σ and δ calculated from the respective segregation kinetics are listed together with the host strains and the cultivation conditions employed. Cultivation with ammonium limitation at $D = 0.15\ h^{-1}$ does not provoke any segregation.

The values of δ range from $4.5 \cdot 10^{-2}\tau^{-1}$ to $7.4 \cdot 10^{-5}\tau^{-1}$ and those of σ range from $1.8 \cdot 10^{-1}\tau^{-1}$ to $4.8 \cdot 10^{-2}\tau^{-1}$ indicating a significant dependence on the cultivation conditions and the host strain, preferentially for δ.

Table 1
Model parameters δ and σ calculated from experimental segregation kinetics obtained by Noack *et al.* (1981)

E. coli strain	parameter	Glucose limitation		Ammonium limitation	
		$D = 0.15\ h^{-1}$	$D = 0.55\ h^{-1}$	$D = 0.15\ h^{-1}$	$D = 0.55\ h^{-1}$
GY 2354	$\delta(\tau^{-1})$	$4.9 \cdot 10^{-2}$	$1.2 \cdot 10^{-3}$	no segregation	$2.9 \cdot 10^{-4}$
	$\sigma(\tau^{-1})$	$1.1 \cdot 10^{-1}$	$4.8 \cdot 10^{-2}$	no segregation	$5.8 \cdot 10^{-2}$
GM 31	$\delta(\tau^{-1})$	$3.8 \cdot 10^{-4}$	$7.4 \cdot 10^{-5}$	no segregation	$2.0 \cdot 10^{-2}$
	Tc allone	$3.1 \cdot 10^{-1}$	—	—	$2.5 \cdot 10^{-2}$
	$\sigma(\tau^{-1})$	$1.6 \cdot 10^{-1}$	$1.8 \cdot 10^{-1}$	no segregation	$7.8 \cdot 10^{-2}$
	Tc allone	0	—	—	$9.8 \cdot 10^{-2}$

In the case of GM 31 as host for the plasmid, an additional genetic effect could be observed. The genetic information for tetracycline resistance is segregated independently of the other two resistance determinants when cultivated with glucose limitation at $D = 0.15\ h^{-1}$ or with ammonium limitation at $D = 0.55\ h^{-1}$. The respective values for δ and σ are listed in the lines named "Tc allone". This effect is comparable with the segregation of chromosomally located markers because the loss of tetracycline resistance is not connected with the deletion of DNA out of the plasmid as it has been proved by restriction analysis of the $Ap^RCm^RTc^S$ plasmid derivative isolated from the respective strains. Here we have an example for the appearance of mutations the frequency of those are several orders of magnitude higher than those of spontaneous point mutations in the chromosome leading to auxotrophies.

The third set of experimental segregation kinetics is obtained with the streptomycine-producing *Streptomyces griseus* which is growing as mycelium in submerged cultures (Roth *et al.* 1982). A special equipment has been developed allowing the fractionation of the mycelium during continuous cultivation of this organism. The samples withdrawn from the chemostat therefore contain mycelium pellets instead of single cells in the case of *E. coli* and these pellets must be regarded as colony-forming units. Samples were plated on glucose-mineral-salts-agar. Four days old colonies were overlayed with soft agar inoculated with the streptomycine-sensitive strain *E. coli* GY 2354 and subsequently incubated for 8 hours at 37 °C. The antibiotic-producing colonies can then be detected from inhibition zones in the layer containing the tester strain *E. coli* GY 2354. The ratios of antibiotic-producing colonies were plotted against the number of generations in the chemostat giving the segregation kinetics from which the model parameters δ and σ have been calculated. In general the slope of these kinetics indicates that the ability to produce the antibiotic is segregated during chemostat cultivation.

In Table 2 the parameters δ and σ are listed in dependence on the cultivation conditions realized in the chemostat the dilution rate of which was $D = 0.08\ h^{-1}$.

Table 2
Model parameters δ and σ calculated from experimental segregation kinetics obtained by ROTH *et al.* (1982)

	Glycerol limitation		Ammonium limitation	
	T = 30 °C	T = 34 °C	T = 30 °C	T = 34 °C
$\delta(\tau^{-1})$	$1 \cdot 10^{-2}$	$2 \cdot 10^{-3}$	$1 \cdot 10^{-4}$	no segregation
$\sigma(\tau^{-1})$	0.33	0.33	0.33	—

As it can be seen the values of δ are influenced by the cultivation condition employed in contrast to σ the values of which seem to be unaffected. The amount of δ is much more higher than it would be expected for the appearance of auxotrophic mutants.

The last set of experimental segregation kinetics is comparable to that described in the second example. The mycelially growing *Streptomyces lividans* 66 carrying the recombinant plasmid *pIJ 2* was continuously cultivated in a chemostat as mentioned above (ROTH *et al.* 1984). The samples withdrawn from the chemostat at desired times were plated on complete medium without and with neomycin the resistance to which is encoded by the plasmid *pIJ 2*. The ratio of colonies grown on the neomycin-containing medium with respect to those grown on medium without neomycin was plotted against the number of generations proceeded in the chemostat. The model parameters δ and σ calculated from the segregation kinetics describing the elimination of the plasmid from the mycelium pellets present in the chemostat culture are listed in Table 3. The plasmid *pIJ 2* is eliminated out of the mycelium pellets during chemostat cultivation and the advantage expressed by the selection pressure σ of the plasmid-free pellets over the plasmid-containing ones depends only slightly on the cultivation conditions. However, the segregation rate δ is much more influenced by the cultivation conditions. In most cases the segregation rate at 36 °C is one order of magnitude higher than at 28 °C. But there is no drastical difference in δ between glucose limitation and ammonium limitation, and also between the two dilution rates. The only exception is the ammonium limitation at 36 °C and $D = 0.2\ h^{-1}$.

Discussion

A mathematical model is presented allowing the quantitative characterization by two parameters of experimental segregation kinetics resulting from population genetic processes occurring in procaryotic microorganisms continuously cultivated in a chemostat. The first of these two parameters, segregation rate δ, describes the transition rate between the original genotype to the segregated (mutated) one. The population densities of both genotypes are estimated by counting the colonies grown out of colony-forming units withdrawn from the chemostat at desired times. The second model parameter called selection pressure is the difference between the specific growth rates of both genotypes and describes the selection advantage of the segregated genotype over the original one.

Table 3
Model parameters δ and σ calculated from experimental segregation kinetics obtained by ROTH *et al.* (1984)

	Glucose limitation			
	T = 28 °C		T = 36 °C	
$D\,[h^{-1}]$	0.1	0.2	0.1	0.2
$\delta\,[\tau^{-1}]$	$6.4 \cdot 10^{-3}$	$3.1 \cdot 10^{-3}$	$5.4 \cdot 10^{-2}$	$2.2 \cdot 10^{-2}$
$\sigma[\tau^{-1}]$	$5.7 \cdot 10^{-2}$	$6.1 \cdot 10^{-2}$	$3.0 \cdot 10^{-2}$	$5.7 \cdot 10^{-2}$
	Ammonium limitation			
	T = 28 °C		T = 36 °C	
$D\,[h^{-1}]$	0.1	0.2	0.1	0.2
$\delta[\tau^{-1}]$	$3.8 \cdot 10^{-3}$	$2.4 \cdot 10^{-3}$	$4.0 \cdot 10^{-2}$	$2.3 \cdot 10^{-3}$
$\sigma[\tau^{-1}]$	$2.0 \cdot 10^{-2}$	$2.0 \cdot 10^{-2}$	$1.0 \cdot 10^{-2}$	$1.2 \cdot 10^{-2}$

It was not the aim of this paper to identify the molecular and genetic basis of these parameters. However, the main intention was the presentation of a method allowing the quantitative characterization of experimental segregation kinetics by two representative parameters in order to determine the main components (genetic segregation and selection pressure) responsible for the shape of this kinetics and to estimate the relation between these parameters and the cultivation conditions realized in the chemostat.

For example, the selection pressure σ shows a much less dependence on the cultivation condition than the segregation rate δ. This indicates that the selection advantage of one genotype over the other one is only slightly influenced by the environment. This holds for the selective enrichment of an altered genotype with respect to both chromosomal informations and extrachromosomal ones.

In the *E. coli* system the segregation rate δ of extrachromosomal genetic information depends strongly on the dilution rate D in contrast to the *Streptomyces* system where only a slight difference about by the factor 2 could be observed. A similar effect can be stated for the dependence of δ upon the limiting substrate glucose or ammonium. However, the segregation of (chromosomal) informations included in secondary metabolism such as the regulation of antibiotic synthesis (see example three) proceeds with a much higher rate at glycerol limitation than at ammonium limitation.

The mathematical model presented here allows the estimation of the segregation rate δ and the selection pressure σ. Both determine the shape of the segregation kinetics and show characteristic dependences on the microbiological systems used and on the cultivation conditions in the chemostat. However, it must be pointed out that the molecular and genetic identification of both parameters differs from *E. coli* to *Streptomyces* due to the growth behaviour and from chromosomal to extrachromosomal informations due to the copy number per cell unit. In spite of this we could show that the quantitative description of genetic segregation kinetics allows the comparison of different experiments and their characteristic cultivation conditions.

References

BERGTER, F., 1983. Wachstum von Mikroorganismen (2. Auflage). VEB Gustav Fischer Verlag, Jena.
DYKHUIZEN, D., 1978. Selection for tryptophan auxotrophs of *E. coli* in glucose-limited chemostats as a test of the energy conservation hypothesis of evolution. Evolution, **32**, 125–150.

DYKHUIZEN, D. and HARTL, D., 1981. Evolution of competitive ability in *E. coli*. Evolution, **35**, 581–594.
DYKHUIZEN, D. E. and HARTL, D. L., 1983. Selection in chemostats. Microbiol. Reviews, **47**, 150–168.
HARDER, W. and KUENEN, J. G., 1977. Microbial selection in continuous cultures. J. Appl. Bacteriol., **43**, 1–24.
KUBITSCHEK, H. E., 1970. Introduction to Research with Continuous Cultures. Prentice-Hall, Inc., Englewood Cliffs, N.J.
LWOFF, A., 1944. L'Evolution physiologique, étude des pertes de fonctions chez microorganismes. Herman and Co., Paris.
NOACK, D., 1968. Biophysikalische Prinzipien der Populationsdynamik in der Mikrobiologie. VEB Georg Thieme Verlag, Leipzig.
NOACK, D., ROTH, M., GEUTHER, R., MÜLLER, G., UNDISZ, K., HOFFMEIER, CHR. and GASPAR, S., 1981. Maintenance and genetic stability of vector plasmids *pBR* 322 and *pBR* 325 in *Escherichia coli* K 12 strains grown in a chemostat. Mol. Gen. Genetics, **184**, 121–124.
NOVICK, A. and SZILARD, L., 1950. Experiments with the chemostat on spontaneous mutations of bacteria. Proc. Natl. Acad. Sci., U.S.A., **36**, 708–719.
ROTH, M., SCHWALENBERG, B., REICHE, R., NOACK, D., GEUTHER, R. and ERITT, I., 1982. Genetic segregation in a high yielding streptomycin-producing strain of *Streptomyces griseus*. Z. allg. Mikrobiol., **22**, 557–563.
ROTH, M., NOACK, D. and GEUTHER, R., 1984. Maintenance of the recombinant plasmid *pIJ* 2 in chemostat cultures of *Streptomyces lividans* 66 (*pIJ* 2). Mol. Gen. Genetics, in press.
ZAMENHOF, S. and EICHHORN, H. H., 1967. Study of microbial evolution through loss of biosynthetic functions: Establishment of defective mutants. Nature, **216**, 456–458.

Mailing address: Dr. D. NOACK, Zentralinstitut für Mikrobiologie und experimentelle Therapie der AdW, DDR 6900 Jena, Beutenbergstr. 11

Buchbesprechung

H. I. FREEDMAN and C. STROBECK (Editors), Population Biology — Proceedings of the International Conference held at the University of Alberta, Edmonton, Canada, June 22—30, 1982 (Lecture Notes in Biomathematics, Volume 52). XVII + 440 S., 79 Abb., 22 Tab. Berlin—Heidelberg—New York—Tokyo 1983. Springer-Verlag. Soft Cover DM 62,00. ISBN 3-540-12677-5.

Der 52. Band von Lecture Notes in Biomathematics enthält etwa zwei Drittel der insgesamt 91 Vorträge der Internationalen Konferenz über Populationsbiologie, die im Sommer 1982 in Edmonton, Kanada veranstaltet wurde. Verschiedene Aspekte der mathematischen Modellierung werden in 8 Kapiteln thematisch zusammengefaßt und jeweils durch Beiträge namhafter Spezialisten eingeleitet.

Der erste, mit Populationsgenetik überschriebene Teil enthält 8 interessante Originalbeiträge, die aber nicht als Übersicht der Problemvielfalt und des aktuellen Standes der Forschung der Populationsgenetik angesehen werden können. Dieser Aspekt zeigt sich ebenso in den weiteren Kapiteln des Buches, war bewußt aber auch nicht Anliegen der Konferenz. Dieses bestand vielmehr darin, eine Koordination der sich der Methoden der mathematischen Modellierung bedienenden Mathematiker und Biologen zu erzielen, die populationsbiologische Probleme der Genetik, der Ökologie, der Epidemiologie und verwandter Gebiete bearbeiten. Im II. Kapitel werden spezielle ESS-Modelle behandelt. Beispielhaft sei das Problem der Evolution optimaler Strategien der Nährstoffverwertung innerhalb von Populationen genannt. Das folgende enthält Beiträge zum Populationswachstum, wobei Modelle mit Altersstruktur den Hauptanteil stellen. In den Kapiteln IV—VII werden von kompetenten Autoren Fragen der Konkurrenz, der Koexistenz, der Oszillation und der Stabilität von Volterra-Systemen behandelt, die sich in den Kapiteln VI und VII auf Modelle der Ökologie beziehen. Den Teil VIII bilden abschließend 4 Vorträge zur Modellierung von Problemen der Epidemiologie und Immunologie.

Dieser Symposiumsband stellt eine umfangreiche Sammlung aktueller Ergebnisberichte der verschiedenen Gebiete der Populationsbiologie dar und zeigt den hohen Grad der Mathematisierung dieser Disziplin. Für die praktische Nutzbarkeit wäre ein Sachwortverzeichnis wünschenswert gewesen.

G. MÜLLER (Jena)

Zeitschrift für allgemeine Mikrobiologie 24 (1984) 7, 467–477

(Akademie der Wissenschaften der DDR, Forschungszentrum für Molekularbiologie und Medizin, Zentralinstitut für Mikrobiologie und experimentelle Therapie, Jena)

Model aided dynamic process analysis and optimization for the nourseothricin fermentation

M. PEISSKER, R. GUTHKE, M. NEUBERT and W. A. KNORRE

Dedicated to Prof. Dr. F. BERGTER on the occasion of his 60th birthday

(Eingegangen am 4. 1. 1984)

The relation between product formation and growth kinetics could be characterized by two facts: the specific product formation rate depends on the ageing of the population and on the specific growth rate. These relation was formulated and quantified by a mathematical model, which was fitted to experimental data of a representative fermentation run und used to predict an optimal fermentation mode. In the result of this discussion cyclic fed batch fermentation was found to be optimal.

The off-line optimization of fermentation processes by means of mathematical, dynamical models has been initiated by the entry of predictive models in the technical microbiology. A typical example is the calculation of the maximal productivity for biomass production in chemostat (HERBERT *et al.* 1956). Model simulations are also used for optimizing of antibiotic fermentations (CONSTANTINIDES *et al.* 1970, BLANCH and ROGERS 1972, FISHMAN and BIRYUKOV 1974, ETTLER and VOTRUBA 1980, KISHIMOTO *et al.* 1980, GUTHKE and KNORRE 1981). In most cases these models are based on MONOD's model for microbial growth of biomass x

$$\dot{x} = \mu_{\max} \frac{s}{k + s} x ,$$

$$\dot{s} = -\frac{1}{y} \mu_{\max} \frac{s}{k + s} x .$$

The rate of product formation is assumed proportional to the biomass concentration x (BERGTER 1972):

$$\dot{p} = k_p x .$$

It will be shown that for the presented nourseothricin fermentation the so-called specific product formation rate k_p is a function of age and of specific growth rate, where the ageing is modelled by introducing an active and an inactive part of biomass.

Materials and methods

In a 3-liter laboratory fermentor an improved strain of *Streptomyces noursei* was cultivated on a complex medium, containing potato starch (32 g/l), glucose (60 g/l), ammonium sulphate (12 g/l), soja meal (20 g/l) and mineral salts as well as antifoaming agent. The pH was limited (at 5.5) by NH_4OH dosage, glucose and ammonia concentrations were controlled above a critical level, so that both substrates are not limiting, realized by discontinuous dosage of both substrates. Biomass concentration was determined by sedimentation and antibiotic concentration by agar diffusion test. Numerical analysis and model simulation were realized on the hybrid computer HRA 7201 (minicomputer KRS 4201 + analogcomputer ADT 3000).

Results and discussion

Product formation

The experimental process analysis was characterized by an approach of the influence of many factors on the productivity: different strains, complex medium composition, pH level, initial biomass concentration and others. Fig. 1 shows the antibiotic concentration at the end of fermentation (after 140 h) for different fermentation runs. The runs 1—12 are carried out with variated strains, media compositions and substrate limitations, whereas for the following runs strain and media composition are the same. A result of first experiments (runs 1—12) was that glucose and ammonia limitation stops the product formation. Thus, the following runs are carried out with glucose and ammonia sulphate dosage, using a pocket calculator program to extrapolate the necessary amount of these substrates. Without demonstration of significance it is indicated by Fig. 1 that the modification of the microorganism strain and of the

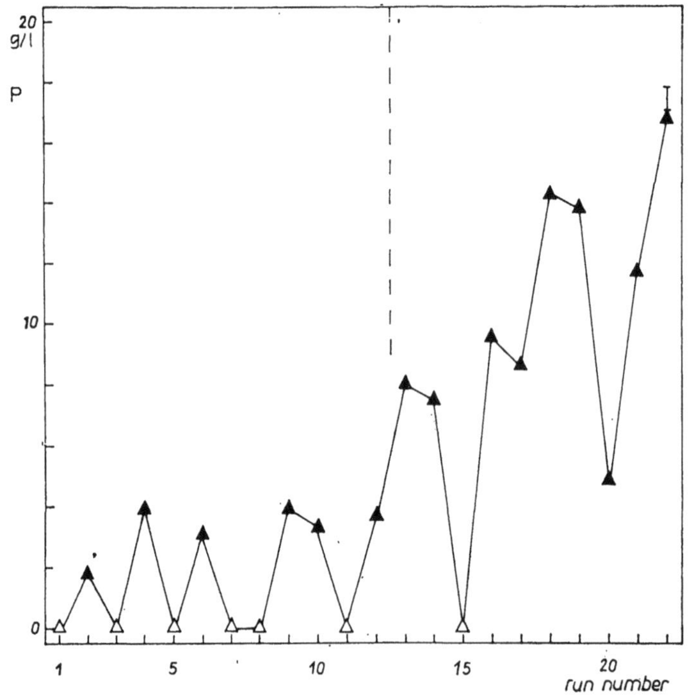

Fig. 1
Final nourseothricin concentration for 22 successive fermentation runs. The sign △ indicates that the fermentation result is not comparable due to contamination, technical mistakes, *etc.*

nutrient medium (runs 12—13) is connected with the first doubling of the final product concentration from about 4 g/l to 8 g/l, whereas the second doubling from 8 g/l to 16 g/l was caused by three factors of process control:

1. Increasing of biomass concentration and of specific growth rate during the product formation phase by soja meal or phosphate dosage.

2. Prolongation of the (exponential) growth phase by decreasing of the set point for the pH-controller (from pH = 6.0 ... 6.2 for the runs 13—17 to pH = 5.5 for the runs 18—22).
3. Increasing of the initial biomass concentration by increasing of the inoculated volume of preculture (from 2.5% ... 4% for runs 13—17 to 8% ... 10% for runs 18—22).

Graphically the influence of these three factors is shown in Fig. 2. The first factor is characterized by a special sója meal or phosphate dosage strategy: During the (exponential) growth phase the substrate must be in excess but not to high (to prevent the repression of product formation). Thus, soja meal (10 g/l) was fed between the 20th and 30th hour of fermentation time to continue the phase of (exponential) growth. A second feeding of 10 g/l soja meal was given between the 70th and 80th hour in dependence on the measured CO_2-kinetics of the exit gas analysis. This second feeding must be given to continue the product formation at a high rate during a low rate of growth.

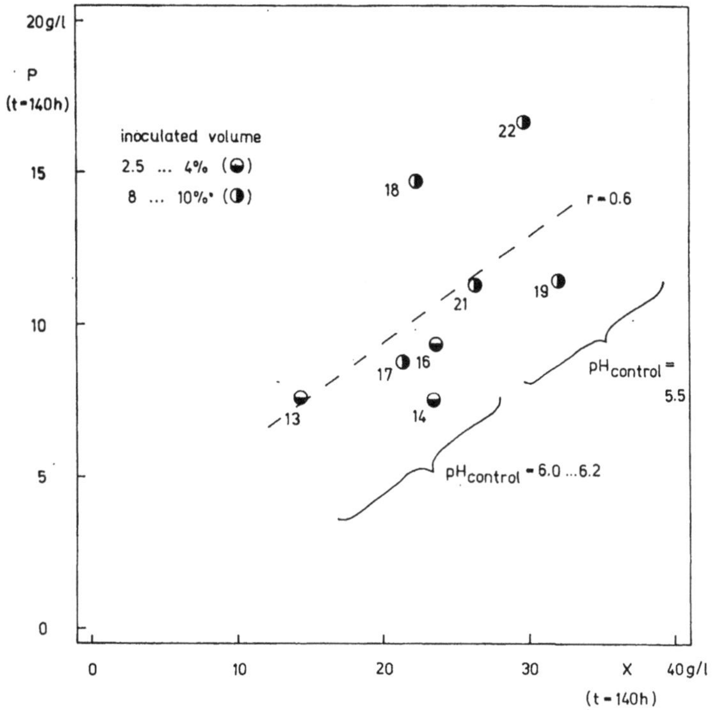

Fig. 2
Final nourseothricin versus final biomass concentration for the fermentation runs 13 ... 22

The second factor is characterized by the up to now not full interpreted fact that the growth phase stops if alkali must be fed to control the pH. It was found that this effect is widely unsensitive to pH level and two kinds of alkali (NH_4OH or NaOH). Thus, if the pH-set point was lower the alkali dosage starts later, the growth phase can be prolongated and the biomass reaches earlier a higher value. The effect of the initial biomass concentration is obviously: the higher the initial value the earlier a high level of biomass can be reached. Following, the growth can be influenced or controlled by all three factors: soja meal or phosphate dosage, pH-level and inoculated

biomass. All three factors are related to biomass growth kinetics in this sense that a high productivity (or for fixed fermentation time a high level of final product concentration) can be realized, if
— one get quickly a high biomass level and
— one maintained a sufficient level of growth-limiting substrate (phosphate) during product formation.

Figs. 3 and 4 show the experimental data of the run 22, where all three factors are realized in an optimized manner. Fig. 5 shows the specific growth and product formation rates ($\mu = \dot{x}/x$, $k_p = \dot{p}/x$), which are calculated from the experimental data after smoothing by cubic splines[1]). From these calculations follows:
— The specific growth rate reaches its maximum at $\mu_{\max} = 0.25\ h^{-1}$.
— The specific product formation rate reaches its maximum at $k_p = 0.012\ h^{-1}$ when μ has the value $\hat{\mu} = 0.05\ h^{-1}$.
— The specific product formation rate falls down after finishing the first growth phase ($t < 40$ h).

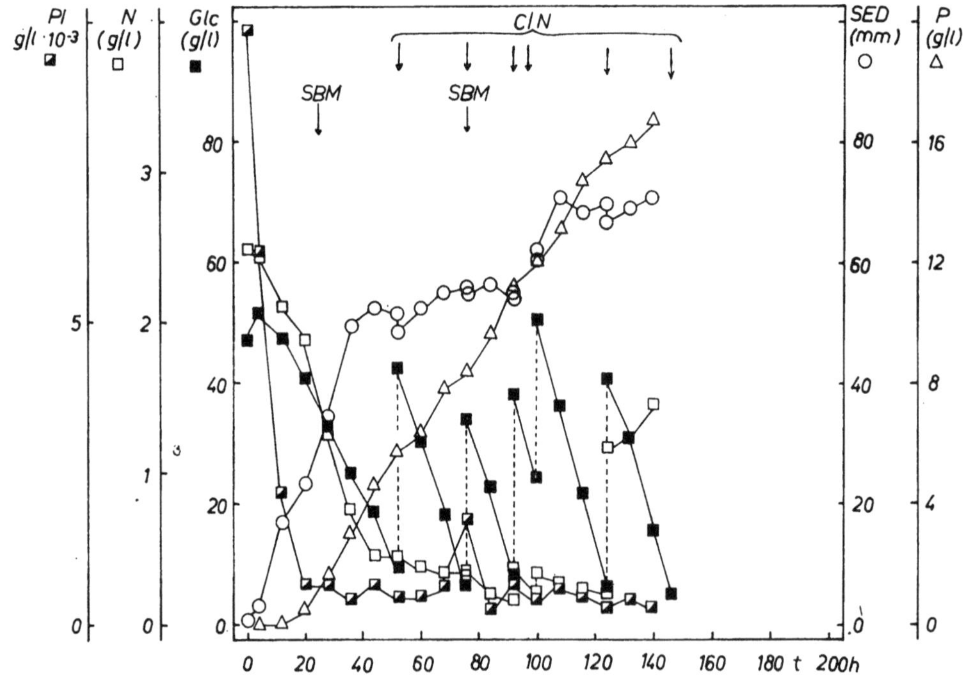

Fig. 3
Experimental data of fermentation run 22:
PI: acid-soluble orthophosphate-phosphorus, N: ammonium-nitrogen, Glc: Glucose, SED: sediment (biomass), P: nourseothricin (product)
Arrows indicate dosages of 10 g/l soja-meal (SBM) and dosages of glucose/ammonium sulfate-solution of variated amount (C/N)

[1]) The authors thank Dr. REIMANN and Ing. MUND for programming and carrying out this computation.

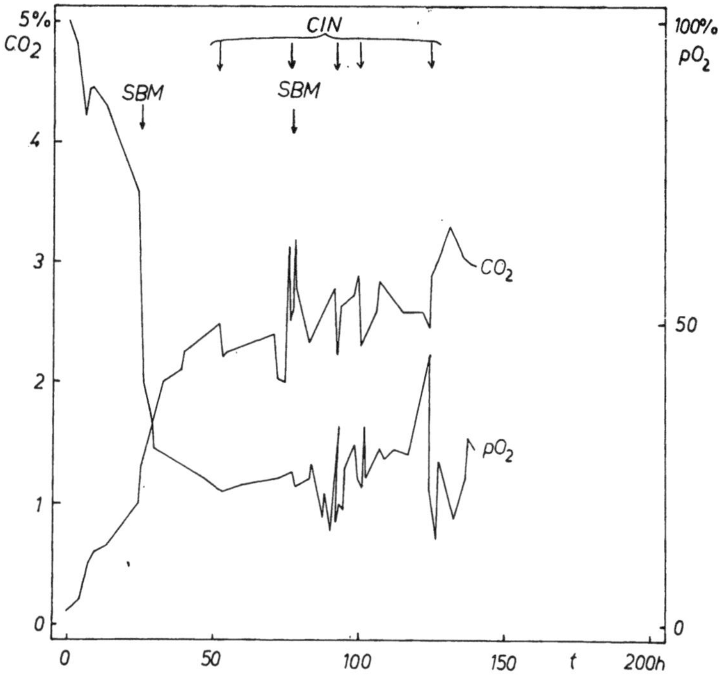

Fig. 4
Experimental data of fermentation run 22:
CO_2: carbon dioxid by exit gas analysis (infrared absorption method); pO_2: dissolved oxygen in percentage of saturation concentration
Arrows see Fig. 3

These results can be formulated by the following dynamical model of nonlinear differential equations:

$$p = k_{pm}x_1 \,, \tag{1}$$

$$\dot{x}_1 = \mu x - \beta x_1 \,, \tag{2}$$

$$\dot{x} = \mu x \,, \tag{3}$$

$$k_{pm} = k_{pm}(\mu) \quad \text{with} \quad \max_{0<\mu<\mu_{\max}} k_{pm}(\mu) = k_{pm}(\hat{\mu}) \,.$$

In this model the falling down of the specific product formation rate p/x is interpreted as the result of ageing, where x_1 is the hypothetic (non-measured) part of biomass, which is able to product formation, whereas $x_2 = x - x_1$ is the part, which is not able to product formation. To determine the function $k_{pm}(\mu)$ chemostat or cyclic fed batch experiments must be carried out. First results show that $\hat{\mu}$ is smaller than 0.05 h^{-1}. But for the simulation of fed batch experiments we assume $k_{pm} =$ const. With $x_1(0) = x(0)$ and $p(0) = 0$ we get from equ. (1)—(3)

$$\frac{\dot{p}}{x} = k_{pm} - \beta \frac{p}{x} \,,$$

which was used for determining of β and k_{pm} by linear regression on the basis of the smoothed experimental data p, p and x. For the fermentation runs 13—22 the values

$k_{pm} = (0.01 \pm 0.0025)\ h^{-1}$ and
$\beta = (0.02 \pm 0.01)\ h^{-1}$

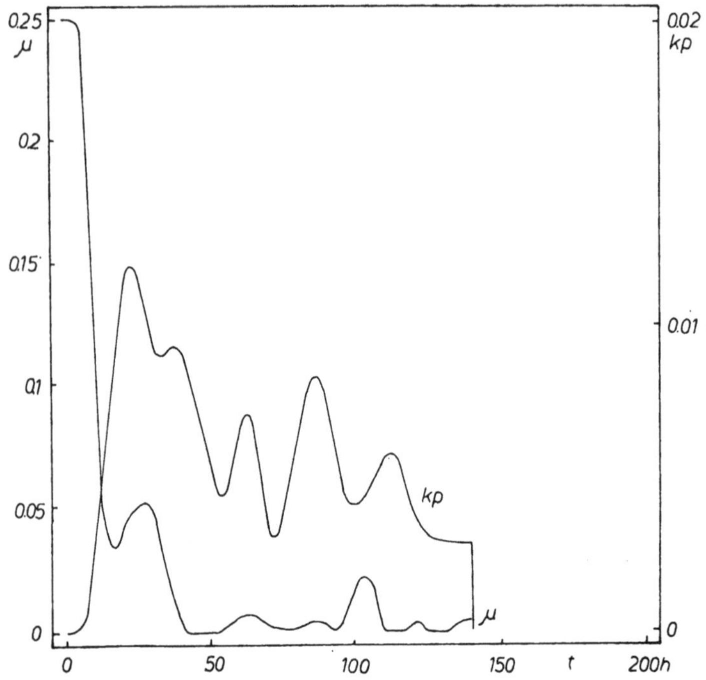

Fig. 5
Specific growth rate μ and specific product formation rate k_p calculated from smoothed experimental data of the fermentation run 22 (see Fig. 3)

were determined. Analog models of antibiotic production are used by GUTHKE and KNORRE (1982) and NESTAAS and WANG (1983) for off-line as well as on-line optimization, respectively.

Phosphate-limited growth

After the explanation of the importance of growth kinetics for the product formation we must discuss how the growth can be controlled. We restrict our consideration on the first factor discussed above, the dosage of phosphate and soja meal. In the fermentation runs 19 and 21 the discontinuous soja meal dosage was substituted by continuous, but time-variated phosphate dosage. The results in growth and product formation kinetics are similar, so that we suggest that the phosphate content of soja meal is the main component of this complex source. It is known that the phosphate content of soja meal is characterized by both, free and bound phosphate. Approximately 1 g soja meal contains 0.5 mg free, available phosphate (acid soluble orthophosphate-phosphorus) and 7.3 mg bound phosphate (MÜLLER et al. 1983). The accuracy of determination of phosphate concentrations during the phosphate limitation is not sufficient to include this data in consideration for fitting of a mathematical model. But the amounts of soja meal which were dosed can be used for mass balance. Because the fed batch fermentation system is an open one, we must include the fed phosphate and soja meal as well as the dilution effects:

$$\dot{x} = \mu_{\max} f_1(pi)\, x \qquad - \frac{F}{v} x \tag{4}$$

$$\dot{x}_1 = \mu_{\max} f_1(pi)\, x - \beta x_1 \qquad - \frac{F}{v} x_1 \tag{5}$$

$$\dot{pi} = -\frac{1}{y_1} \mu_{\max} f_1(pi)\, x + a f_2(sbm)\, x + c_2 F_1(t) \qquad - \frac{F}{v} pi \tag{6}$$

$$\dot{sbm} = -\frac{1}{y_2} a f_2(sbm)\, x + c_1 F_1(t) \qquad - \frac{F}{v} sbm \tag{7}$$

$$\dot{v} = F_1(t) + F_2(t) + F_3(t) - F_4(t) = F - F_4(t) \tag{8}$$

$$\dot{p} = k_{pm} x_1 \qquad - \frac{F}{v} p \tag{9}$$

with

$$f_1(pi) = pi/(pi + k_1) \quad \text{and} \quad f_2(sbm) = sbm/(sbm + k_2)\,, \tag{11}$$

where x, x_1, pi, sbm and p are the concentration of biomass, the product-forming part of biomass, the available phosphate-phosphorus, the soja meal and nourseothricin, respectively, and v is the cultivation volume. F_1, F_2, F_3 and F_4 are the volumetric dosage rates of soja meal, glucose/nitrogen salt, alkali and the volume lost rate by taking samples and by aeration. Because the phosphate content of soja meal is known as noted above, the parameters $y_2 = 7.3 \cdot 10^{-3}$ and $c_2 = 5 \cdot 10^{-4}\, c_1$ are given. $c_1 = 125$ g/l is the known concentration of dosaged soja meal.

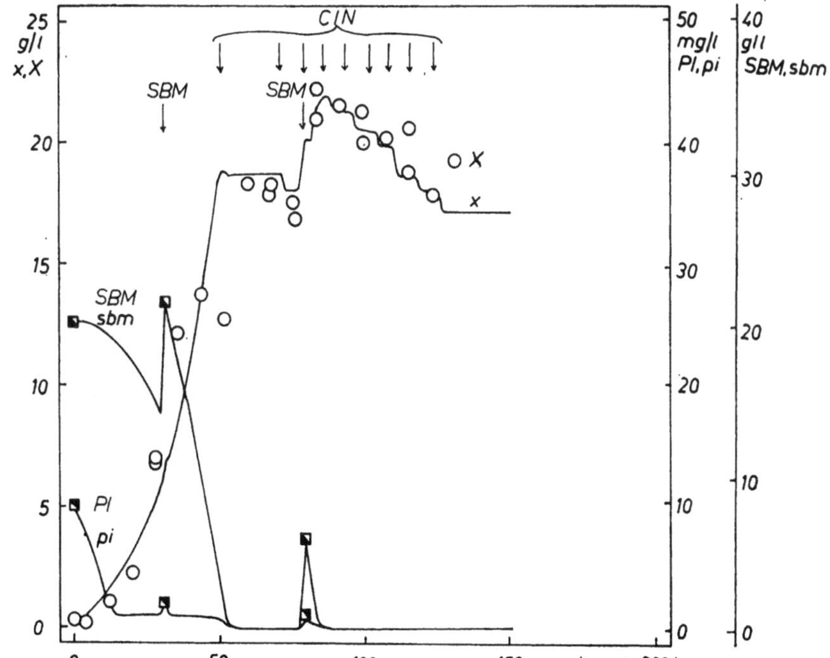

Fig. 6
Experimental data of fermentation run 18:
biomass X (measured by sedimentation), soja-meal SBM and phosphorus PI. Simulated kinetics (x, sbm, pi) on the basis of equs. (4)–(11).
Arrows see Fig. 3

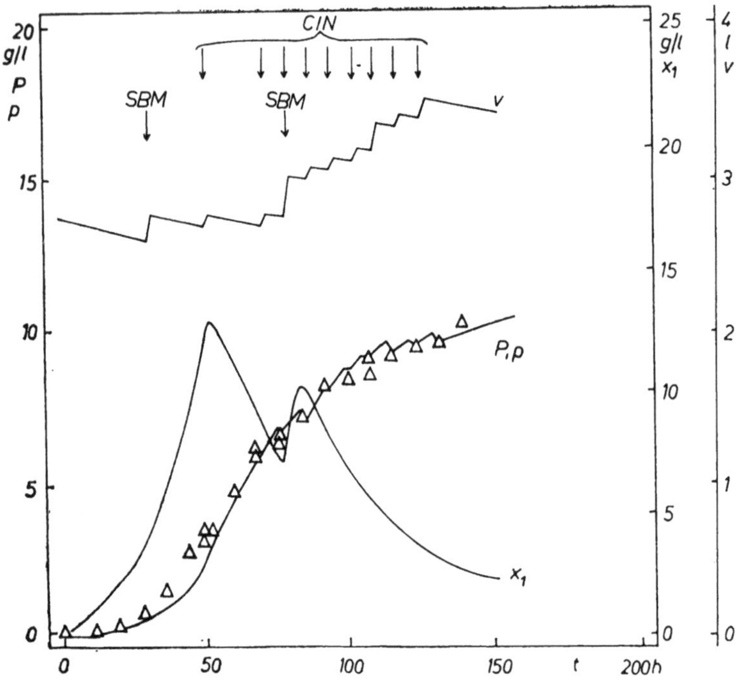

Fig. 7
Experimental data of fermentation run 18 and simulated kinetics of nourseothricin concentration (P, p), the simulated kinetics of cultivation volume (v) and the product-forming part of biomass (x_1).
Arrows see Fig. 3

Fig. 6 and 7 show the results of computer simulation of the model equations (4) — (11), where the model parameters were fitted to the data of fermentation run 18. By this the following parameters were estimated:

$\mu_{\max} = 0.2\ h^{-1}$, $y_1 = 96$, $a = 6.6 \cdot 10^{-4}\ h^{-1}$, $k_{pm} = 0.0157\ h^{-1}$

and $\beta = 0.025\ h^{-1}$. The parameters $k_1 = 2.5$ mg/l and $k_2 = 1$ g/l are not accurately identificable by batch or fed batch experiments. Beside the growth, limiting substrate and product formation kinetics also the kinetics of glucose, ammonia and dissolved oxygen concentration were studied by modelling and parameter fitting to the experimental data. We do not present these results in this paper, because these were not used for optimization studies, which will be presented in the next chapter.

Model aided optimization

We introduce as the objective function, which should be maximized, the "productivity" Pr, which means the averaged increase of product amount per fermentation time t_f and per volume; if we consider the cultivation volume as a constant one, we get

$$Pr = \frac{1}{t_f} \int_0^{t_f} k_{pm} x_1 dt = \frac{p'(t_f)}{t_f} \tag{12}$$

where p' is the recalculated product concentration, which would be held without dilution. Fig. 8 compares the kinetics of antibiotic concentration p with the recalculated

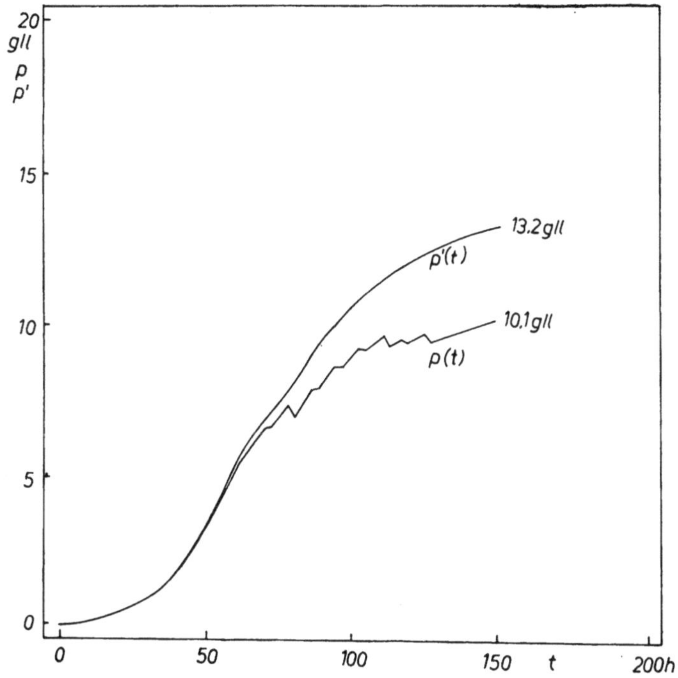

Fig. 8
Antibiotic concentration kinetics $p(t)$ for the simulated fermentation run 18 compared with the kinetics p' where the dilution effect was recalculated. (The product concentrations shown in Figs. 1, 2, 3 and 5 are values p' where the dilution effects were recalculated.)

kinetics p'. For optimization we substitute in the equations (4) and (5) the dilution rate F/v by the parameter D and get an equation system, which will be used for optimization considerations:

$$\dot{p} = k_{pm}x_1 - Dp \tag{1'}$$

$$\dot{x}_1 = \mu x - \beta x_1 - Dx_1 \tag{2'}$$

$$\dot{x} = \mu x - Dx \tag{3'}$$

The optimization shall be carried out under the restrictions $0 \leq \mu \leq \mu_{\max}$ for the control variable μ, and $0 \leq x \leqq x_m$ for the state variable x. The restriction of control variable is due to physiological capacity of microorganisms, whereas the restriction of the state variable $x \leqq x_m$ is caused by several practical reasons (Bajpai and Reuss 1981), for instance, by the maximal oxygen transfer rate (OTR). Alternatively one could restrict the rate $\dot{x}$, but the process analysis had been shown that the oxygen utilization rate (OUR) is correlated to growth and biomass concentration as

$$\mathrm{OUR} \sim \dot{x} + 75\ \mathrm{h}^{-1}\, x$$

which can be approximated (with $\dot{x} = \mu x \leq 0.2\ \mathrm{h}^{-1}\, x$) to $\mathrm{OUR} \sim x$. As used for model simulation we start the optimization analysis with the assumption $k_{pm} = \text{const.}$ and get from equ. (12) after maximization in respect to the biomass concentration x the optimal productivity

$$Pr_{\mathrm{opt}} = k_{pm}x_m \max_{\substack{0 \leqq \mu \leqq \mu_{\max} \\ 0 \leqq t_f < \infty}} \frac{1}{t_f} \int_0^{t_f} \frac{x_1}{x_m}\, \mathrm{d}t\,.$$

For the dynamic of the quotient x_1/x follows from equ. (2') and (3')

$$\frac{d}{dt}\left(\frac{x_1}{x}\right) = \mu - (\beta + \mu)\frac{x_1}{x}$$

and with $0 \leq \mu \leq \mu_{max}$ follows

$$\frac{x_1}{x} \leq \frac{\mu_{max}}{\mu_{max} + \beta}.$$

Thus, we get

$$Pr_{opt} \leq Pr_{max} = k_{pm}x_m \frac{\mu_{max}}{\mu_{max} + \beta}.$$

For $x_m = 22$ g/l (the maximal biomass concentration reached in run 18) we calculate $Pr_{max} = 0.307 \text{ g} \cdot \text{l}^{-1} \cdot \text{h}^{-1}$. This value is three times greater than the productivity reached in run 18. If the dilution rate D near μ_{max} with a biomass concentration near x_m would be realizable under the conditions of chemostat culture, we must be sceptically that Pr_{max} is reachable in approximation. The basis of this scepsis is the extrapolation of constant k_{pm} to high values of μ. As discussed above, k_{pm} must considered as a function of μ. The application of Pontryagins maximum principle (GUTHKE and KNORRE 1981) for convex decreasing function $k_{pm}(\mu)$, for instance

$$k_{pm}(\mu) = k_{p_{max}} \frac{k_3}{k_3 + \mu} \tag{13}$$

shows that repeated jumps between the growth phase ($\mu = \mu_{max}$) and the product formation phase ($\mu = 0$, $k_{pm} = k_{p_{max}}$) is the optimal operation mode. Using the function (13) with, for example, $k_3 = 0.05 \text{ h}^{-1}$ for model fitting to the experimental data, we get a $k_{p_{max}}$ value, which is almost two times greater than the k_{pm}-value, as reported above (0.0157 h^{-1}). With these assumed values for k_3 and $k_{p_{max}}$ for one cycle of cyclic fed batch ($\mu = \mu_{max}$ for 3.5 h and $\mu = 0$ for 8.5 h, 25% emptying) a productivity can be predicted, which has about the same value as Pr_{max}. But we must take into account that a jump from μ_{max} to $\mu = 0$ and vice versa is impossible. The transient from μ_{max} to $\mu = 0$ caused by utilization of the limiting substrate (*pi* for the phosphate limitation) was included in the model based optimization study for the cyclic batch antibiotic fermentation, published previously (GUTHKE and KNORRE 1982). But also the lag in the growth rate after starting a new cycle must be included. Thus, the realistic model which is suitable for prediction of the optimal cyclic fed batch must be more complicated. Nevertheless, the study presented here shows that cyclic batch or cyclic fed batch is favoured to improve the productivity of fermentation.

Conclusion

On the basis of the simplified mathematical model, which describes the relation between growth and antibiotic formation and which was fitted to experimental data of a fed batch antibiotic fermentation, the cyclic fed batch was found to be the optimal operation mode. A prediction of optimal parameters of cyclic fed batch fermentation (cycle time, percentage of emptying) is impossible on the basis of this simplified model. Especially, the dependence of the specific product formation rate on the specific growth rate as well as lag constants must be identified and the reliability of equ. (2') must be proofed. These tasks can be solved in connection with the experimental design of the optimal cyclic fed batch fermentation.

References

BAJPAI, R. K. and REUSS, M., 1981. Evaluation of feeding strategies in carbon-regulated secondary metabolite production through mathematical modelling. Biotechnol. Bioeng., **23**, 171–738.

BERGTER, F., 1972. Wachstum von Mikroorganismen. Experimente und Modelle. VEB Gustav Fischer Verlag Jena.

BLANCH, H. W. and ROGERS, P. L., 1972. Optimal conditions for gramicidin S production in continuous culture. Biotechnol. Bioeng., **14**, 151–171.

CONSTANTINIDES, A., SPENCER, J. L. and GADEN, E. L., 1970. Optimization of batch fermentation processes. II. Optimum temperature profiles for batch penicillin fermentations. Biotechnol. Bioeng., **12**, 1081–1098.

ETTLER, P. and VOTRUBA, J., 1980. Determination of the optimal feeding regime during biosynthesis of erythromycin. Folia microbiol., **25**, 424–429.

FISHMAN, V. M. and BIRYUKOV, V. V., 1974. Kinetic model of secondary metabolite production and its use in computation of optimal conditions. Biotechnol. Bioeng. Symp., **4**, 647–662.

GUTHKE, R. and KNORRE, W. A., 1981. Optimal substrate profile for antibiotic fermentations. Biotechnol. Bioeng., **23**, 2771–2777.

GUTHKE, R. and KNORRE, W. A., 1982. Efficiency of the cyclic batch antibiotic fermentation. Biotechnol. Bioeng., **24**, 2129–2136.

HERBERT, D., ELSWORTH, R. and TELLING, R. C., 1956. The continuous culture of bacteria; a theoretical and experimental study. J. Gen. Microbiol., **14**, 601–622.

KISHIMOTO, M., YOSHIDA, T. und TAGUCHI, H., 1980. Optimization of fed-batch culture by dynamic programming and regression analysis. Biotechnol. Letters, **2**, 403–408.

MÜLLER, P. J., BORMANN, E. J., ROTH, M. and NOACK, D., 1983. Secondary product biosynthesis and hydrolyse-catalysed phosphate-release of mutants of an antibioticum producing *Streptomyces spec.* In: Abstr. Symp. "Genetics and Differentiation of Actinomycetes", Mai 2–6, 1983, Weimar.

NESTAAS, E. and WANG, D. I. C., 1983. Computer control of the penicillin fermentation using the filtration probe in conjunction with a structured process modell. Biotechnol. Bioeng., **25**, 781–796.

Mailing address: M. PEISSKER, Zentralinstitut für Mikrobiologie und experimentelle Therapie der AdW, DDR 6900 Jena, Beutenbergstr. 11

Buchbesprechung

Y. Gluzman und Th. Shenk (Editors), Current Communications in Molecular Biology — Enhancers and Eukaryotic Gene Expression. 218 S., 50 Abb., 9 Tab. Cold Spring Harbor 1983. Cold Spring Harbor Laboratory. $ 32.40. ISBN 0-87969-161-1.

Mit der erst jüngst erfolgten Entdeckung einer neuen Klasse der eukaryotischen Transkriptions-Kontrollelemente, der sogenannten Enhancer- oder Aktivatorelemente, kommt zunehmend Licht in die Regulation der Genexpression, speziell bei eukaryotischen Organismen. Enhancer-Elemente wurden erstmals im frühen Promotorbereich des kleinen DNA-Tumorvirus SV40 nachgewiesen. Sie weckten vor allem deshalb großes Interesse, weil sie eine Erhöhung der Transkriptionsaktivität des SV40 Promotors sowie einer Gruppe weiterer heterologer Promotoren bedingen. Inzwischen wurden derartige Elemente in den sog. long terminal repeats der meisten Retroviren, Polyoma-, Papilloma-, BK- und Ad2-Viren sowie auch in Immunglobulingenen gefunden. Bedeutsam ist, daß diese Sequenzen unabhängig von ihrer Orientierung und der Entfernung zur kodierenden Region wirken. Charakteristisch ist das Fehlen einer größeren Sequenzhomologie, was in Verbindung mit der verbreiteten Wirtsspezifität gesehen wird. Diese erste geschlossene Darstellung derartiger Elemente berücksichtigt und charakterisiert die meisten der bisher bekannten Enhancer sowie weitere induzierbare Promotoren von Viren, Hefen, *Drosophila*, Maus und Mensch, erläutert ihre Funktion und enthält darüber hinaus auch Hinweise über die mit ihrer Wirkung verbundenen Veränderungen in der Chromatin-Struktur und DNA-Konformation. Der Band ist ein begrüßenswerter Versuch, durch schnelle Publikation aktueller molekulargenetischer Erkenntnisse zum weiteren Verständnis der Genexpression beizutragen.

H. Weber (Jena)

Zeitschrift für allgemeine Mikrobiologie 24 (1984) 7, 479—483

(Akademie der Wissenschaften der DDR, Forschungszentrum für Molekularbiologie und Medizin, Zentralinstitut für Mikrobiologie und experimentelle Therapie, Jena)

Anwendung biologischer Evolutionsprinzipien zur Optimierung von Fermentationsprozessen

R.-D. RECKNAGEL und W. A. KNORRE

Herrn Prof Dr. F. BERGTER zum 60. Geburtstag gewidmet

(Eingegangen am 4. 1. 1984)

The optimization of a fermentation model is realized by the procedure EVOL based on the principles of the biological evolution. An application of this method for a typical secondary metabolit fermentation model is given. The fermentation process is considered as a black-box. "Mutation" and "selection" steps are carried out. As the objective function the economic profit is calculated. After about 80 "evolution" steps the global optimum will be reached. The scope and limitations of this method are discussed.

BREMERMANN (1968) zeigte als erster, daß Evolutionsmethoden mit Erfolg zur Lösung mathematischer Optimierungsaufgaben eingesetzt werden können. Von RECHENBERG (1973) wurde eine Reihe von Beispielen publiziert, die Evolutionsmethoden zur empirischen Optimierung technischer Systeme verwenden. Wie in der Monographie von BERGTER (1983) dargestellt, können auch mikrobiologische Systeme durch mathematische Modelle adäquat beschrieben werden. Für die Optimierung biotechnologischer Verfahren müssen mathematische Prozeßmodelle an experimentelle Daten angepaßt werden und die Modellparameter durch Parameterschätzverfahren bestimmt werden. Für die Schätzung von Parametern in nichtlinearen Differentialgleichungssystemen wurden deterministische, stochastische und auch kombinierte Suchverfahren verwendet. Von SCHORCHT (1983) wurde ein Programmsystem MOPSI geschaffen, das für die Parameterschätzung von Modellen für die Antibioticafermentation eingesetzt wurde. Dabei zeigte sich, daß mit wachsender Komplexität der Modelle die numerischen Probleme bei der Parameterschätzung erheblich zunehmen können. Auf diese Weise können Prozeßmodelle gewonnen werden, die die Grundlage für die Optimierung von Fermentationsprozessen bilden.

Ziel dieser Arbeit ist es, ausgehend von einem gegebenen Fermentationsmodell einer Sekundärmetabolitfermentation, eine Optimierung durchzuführen, um einen maximalen Gewinn zu erhalten. Dafür wählten wir das von MATELES (1978) publizierte Modell JERMFERM aus. Es konnte gezeigt werden, daß die Anwendung von Evolutionsmethoden auch für die Optimierung biotechnologischer Verfahren geeignet ist.

Material und Methoden

Charakterisierung der Evolutionsmethode: Zur Lösung dieser Optimierungsaufgabe reicht bereits ein Minimalkonzept einer Evolutionsstrategie aus. Dabei werden die Begriffe „Mutation" und „Selektion" im Vergleich zum natürlichen Evolutionsvorgang in einem eingeschränkten Sinn, aber mit exakter mathematischer Bedeutung verwendet. Die einzelnen Schritte dieser vereinfachten Evolutionsstrategie lauten:

— Ausgangssituation. Gegeben ist eine Population bestehend aus nur einem Individuum, dem Elter $E^{(0)}$. Dieser ist gekennzeichnet durch einen Satz von n Genen, d. h. durch seinen Genotyp.

— Mutationsschritt. Der Elter $E^{(g)}$ der Generation g erzeugt einen Nachkommen $N^{(g)}$, dessen Genotyp sich geringfügig vom elterlichen unterscheidet. Die zufälligen Punktmutationen an den einzelnen n Genen sollen unabhängig voneinander erfolgen.
— Selektionsschritt. Beide Individuen $E^{(g)}$ und $N^{(g)}$ haben auf Grund ihres verschiedenen Genotyps auch unterschiedliche phänotypische Eigenschaften. Die einzelnen Phänotypen unterscheiden sich durch den Grad ihrer Anpassung an eine vorgegebene, meßbare Zielfunktion. Nur eines der beiden Individuen kann in der nächsten Generation weitere Nachkommen erzeugen, und zwar dasjenige, das den größeren Wert der Zielfunktion erreicht hat. Es wird zum Elter $E^{(g+1)}$ der Generation g + 1. Eine ausführliche Beschreibung dieser Evolutionsstrategie findet sich bei SCHWEFEL (1977).
Übertragung der Evolutionsmethode auf Fermentationsmodelle: Für den vorliegenden Anwendungsfall lauten in Analogie zur obigen Methode die einzelnen Schritte:
— Ausgangssituation. $E^{(0)}$ stellt einen bestimmten Fermentationsprozeß dar, dessen n „Gene" durch n Steuerparameter mit den Anfangswerten $x_1^{(0)}, ..., x_n^{(0)}$ gegeben sind.
— Mutationsschritt. Der Parametersatz $x_1^{(g)}, ..., x_n^{(g)}$ wird kleinen zufälligen Änderungen $\Delta_1^{(g)}, ..., \Delta_n^{(g)}$ unterworfen. Mit dem modifizierten Parametersatz $x_1^{(g)} + \Delta_1^{(g)}, ..., x_n^{(g)} + \Delta_n^{(g)}$ wird der Wert der Zielfunktion berechnet. Die zufälligen Änderungen der einzelnen Parameter sollen unabhängig voneinander sein.
— Selektionsschritt. Derjenige Satz $x_1^{(g+1)}, ..., x_n^{(g+1)}$ von Prozeßparametern, der den größten Gewinn des Fermentationsprozesses bringt, dient als Ausgangspunkt für den nächsten Mutationsschritt.

Die Verfahrensschritte Mutation und Selektion werden nur so lange ausgeführt, solange wesentliche Verbesserungen des Wertes der Zielfunktion (Gewinn) zu erwarten sind bzw. ein für den Optimierungsvorgang vorgegebenes Zeitlimit nicht überschritten wird.

Zur rechentechnischen Realisierung dieses Evolutionsalgorithmus wurde ein FORTRAN-Programm EVOL für den Großrechner EC 1040 erstellt (RECKNAGEL 1983). Der zu optimierende Prozeß wird als Subroutine in das Hauptprogramm EVOL eingebettet und von diesem mit Parametern versorgt.

Ergebnisse

Das Programm EVOL wurde genutzt, um das von MATELES (1978) publizierte Fermentationsmodell JERMFERM, das in Gestalt eines FORTRAN-Programmes vorlag, zu optimieren. In JERMFERM sind folgende Steuerparameter vorgesehen:
— Anfangskonzentration von Glucose, — Anfangskonzentration von Sojamehl, — Anfangskonzentration von Phosphat, — Anfangskonzentration von Salzen, — Rührerdrehzahl, — relative Belüftungsrate, — Arbeitsvolumen des Fermenters, — Impfmenge in Prozent des Arbeitsvolumens, — Fermentationsdauer.

Für einige Parameter sind Restriktionen vorgegeben, z. B. für die Rührerdrehzahl, die kleiner als 100 U/min gewählt werden muß. Unter Berücksichtigung der Materialkosten, der Betriebskosten, des Wertes des gebildeten Produktes wird der Gewinn pro Fermentationslauf als Zielfunktion berechnet. Er hängt in komplizierter Weise von Materialkosten, Fermentationsdauer, Rührerdrehzahl usw. ab. Das urpsrüngliche Ziel des von MATELES (1978) entwickelten JERMFERM war, ein Trainingsprogramm zu schaffen, bei dem der Anwender durch geschickte Veränderung der Steuerparameter den Prozeß so optimieren soll, daß ein Maximum an Gewinn pro Fermentationslauf erreicht wird.

Abbildung 1 zeigt den Verlauf des erzielten Gewinnes in Abhängigkeit von der Anzahl der Fermentationsläufe für eine Optimierung, die empirisch durch einen erfahrenen Mikrobiologen für das Programm JERMFERM mit einem Kleinrechner durchgeführt wurde. Aus Erfahrung wurde ein guter Startpunkt gewählt, der einen Gewinn von *ca.* 2.000 brachte. Die weiteren Parameteränderungen führten nach anfänglichen Mißerfolgen mit mehrfachen Verlusten bis —2.000 schließlich zu einem Plateau der Zielfunktion nach etwa 20 Fermentationsläufen. Dieses Plateau ist durch einen Gewinn von 12.000 gekennzeichnet. Durch intensives Studium des Prozeßver-

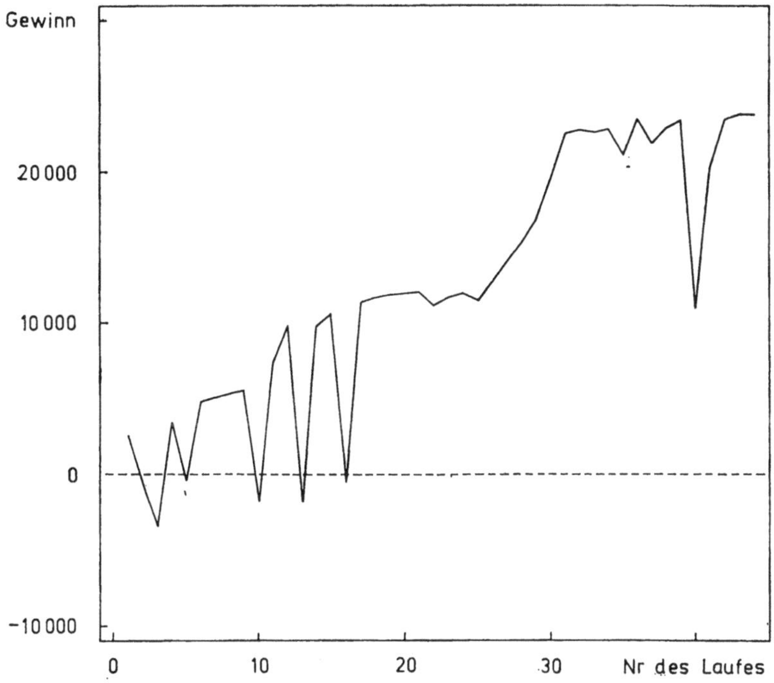

Abb. 1
Verlauf der Gewinnfunktion von JERMFERM bei einer Optimumsuche durch einen erfahrenen Mikrobiologen

haltens gelang es schließlich dem Mikrobiologen, eine neue Strategie zu finden, die einen weiteren Anstieg des Wertes der Zielfunktion bis etwa 24.000 ergab. Erneute Versuche, dieses Plateau zu verlassen, führten wiederum zu einer drastischen Verschlechterung des Gewinns, so daß die Optimierung nach 44 simulierten Fermentationsläufen abgebrochen wurde.

Im Vergleich dazu zeigt Abbildung 2 das Verhalten der Zielfunktion bei Anwendung der Optimierungsstrategie EVOL. Man erkennt, daß etwa nach 80 Optimierungsschritten die Gewinnfunktion in einen Sättigungsbereich gerät. Im Vergleich zu der Zielfunktion aus Abbildung 1 fehlen im Verlauf der Gewinnfunktion auf Abbildung 2 die obengenannten Plateaus. Der Funktionsverlauf zeichnet sich durch einen stetigen Aufwärtstrend aus. Das ist ein wesentliches Charakteristikum der Evolutionsstrategie. Die Rechenzeit für den in Abbildung 2 dargestellten Optimierungslauf betrug am Großrechner EC 1040 etwa 10 Minuten.

Diskussion

Wie Abbildung 2 zeigt, kann die Evolutionsmethode mit Erfolg zur Optimierung komplexer Fermentationsmodelle (bzw. Verfahren) angewendet werden. Trotz scheinbarer Ähnlichkeit mit dem häufig angewendeten stochastischen Monte-Carlo-Verfahren bestehen doch wesentliche Unterschiede, die für die Effektivität des Verfahrens bedeutsam sind. Bei beiden Verfahren werden zufällige Parameteränderungen erzeugt, um den Wert der Zielfunktion zu verbessern. Aber im Unterschied zum Monte-Carlo-Verfahren benutzt die Evolutionsmethode den jeweils besten gefundenen Wert als Ausgangspunkt für den nächsten Schritt. Ein wesentlicher Vorteil der Evolutions-

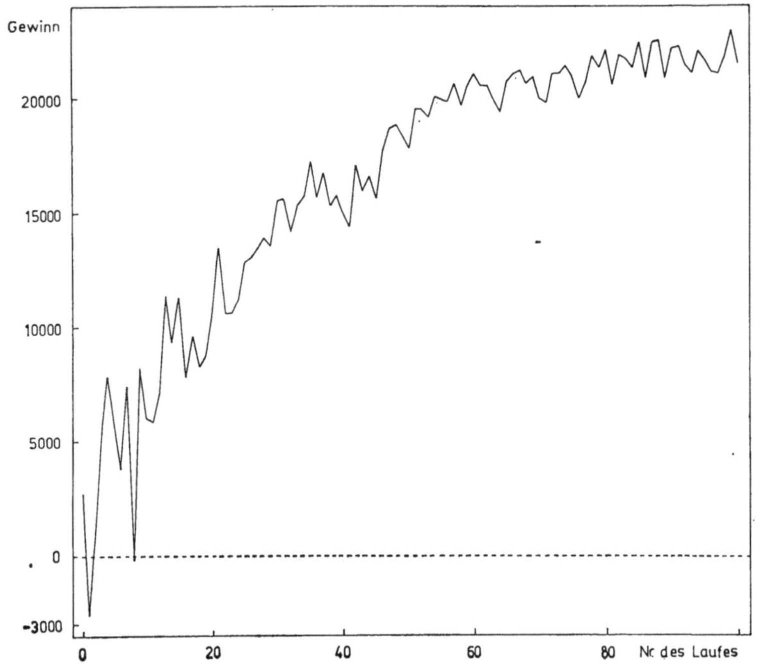

Abb. 2
Verlauf der Gewinnfunktion von JERMFERM bei einer Optimumsuche mit Hilfe des Evolutionsprogrammes EVOL am Großrechner EC 1040

strategie besteht außerdem darin, daß sie mit einer veränderlichen Schrittweite bei der Zufallssuche arbeitet. Während also beim Monte-Carlo-Verfahren blind gesucht wird, realisiert die Evolutionsmethode ein gewisses Lernverhalten.

Wie der Vergleich der Optimierung mit EVOL und der empirischen Optimierung durch einen erfahrenen Mikrobiologen zeigt, benötigt der Mikrobiologe nur etwa die Hälfte der Fermentationsläufe. Dies erklärt sich dadurch, daß durch den Mikrobiologen jeder Fermentationslauf, insbesondere aber die mißlungenen Fermentationsläufe hinsichtlich der Kinetik der Prozeßvariablen analysiert und die nächsten Schritte auf Grund der gewonnenen Schlußfolgerungen gezielt durchgeführt wurden. Außerdem verfügt der Mikrobiologe über ein umfangreiches Vorwissen, z.B. über günstige Konzentrationen von Sojabohnenmehl usw., über das das Programm EVOL nicht verfügt. Aber auch das Programm EVOL benötigt im indirekten Sinne die Erfahrungen des Mikrobiologen, die für die richtige Wahl der Schrittweitensteuerung wichtig sind.

Wie Abbildung 1 zeigt, können in der Lernkurve des Mikrobiologen Plateauphasen auftreten, die ein lokales Optimum darstellen, bei dem die weitere Suche eventuell abgebrochen wird. Das Programm EVOL findet dagegen mit größerer Wahrscheinlichkeit das globale Optimum. Die Wahrscheinlichkeit hängt dabei von der Größe der Anfangsschrittweite ab. Der Vergleich der Abbildung 1 mit der Abbildung 2 zeigt die größere Stetigkeit der Verbesserung des Zielfunktionswertes mit dem Programm EVOL.

Das Programm EVOL kann zur Optimierung von Fermentationsprozeßmodellen dann mit Vorteil eingesetzt werden, wenn ein hinreichend komplexes Modell mit zusätzlichen Restriktionen vorliegt, bei dem deterministische Verfahren oder stochastische Verfahren nicht den gewünschten Erfolg bringen. Ein weiterer Vorteil dieser Optimierungsstrategie besteht darin, daß das Modell gewissermaßen als black-box behandelt wird, d. h. keine anderen Informationen als Eingangs- und Ausgangsgrößen benötigt werden. Hinsichtlich der Zielfunktion sind nur geringe Anforderungen zu stellen: Sie muß aus den Eingangsgrößen eindeutig berechenbar sein, sie braucht jedoch weder differenzierbar noch stetig zu sein; auch die Parameterbereiche brauchen nicht zusammenhängend sein. Um die Optimierungsstrategie erfolgreich einzusetzen, besteht die Forderung nach kurzen Rechenzeiten, da durch den Charakter der Suchstrategie gegebenenfalls sehr viele Zielfunktionsberechnungen notwendig sind. Diese Tatsache schränkt die Anwendung der Methode auf die Optimierung von Modellen ein, obwohl sie im Prinzip auch für die Optimierung der realen Fermentationsprozesse anwendbar ist.

Literatur

Bergter, F., 1983. Wachstum von Mikroorganismen. Experimente und Modelle. VEB Gustav Fischer Verlag Jena.

Bremermann, H., 1968. Numerical optimization procedures derived from biological evolution processes. In: Cybernetic Problems in Bionics. Gordon and Breach New York.

Mateles, R. I., 1978. JERMFERM: A fermentation process development game. Biotechnology and Bioengineering, Vol. XX, 2011–2014.

Rechenberg, I., 1973. Evolutionsstrategie: Optimierung technischer Systeme nach Prinzipien der biologischen Evolution. Fromman-Holzboog Stuttgart.

Recknagel, R.-D., 1983. EVOL: Programmdokumentation ZIMET.

Schorcht, R., 1983. MOPSI: Programmdokumentation ZIMET.

Schwefel, H. P., 1977. Numerische Optimierung von Computermodellen mittels der Evolutionsstrategie. Birkhäuser Basel.

Anschrift: Dr. R.-D. Recknagel, Zentralinstitut für Mikrobiologie und experimentelle Therapie der AdW, DDR-6900 Jena, Beutenbergstraße 11

Buchbesprechungen

W. E. PAUL, C. G. FATHMAN and H. METZGER (Editors), Annual Review of Immunology, Volume 1. 666 S., 75 Abb. 26 Tab. Palo Alto, California 1983. Annual Reviews Inc. $ 30.00. ISBN 0-8243-3001-3.

Mit diesem Band beginnt eine neue Reihe (die 25.) jährlicher Reviews über ein Wissenschaftsgebiet, das gerade in den letzten Jahren eine stürmische Entwicklung erfahren hat, die es selbst dem versierten Immunologen unmöglich macht, alle wichtigen Fortschritte zu überblicken. Dieses Bedürfnis nach kritischen Übersichten über die neuen Entwicklungslinien in den Gebieten der Immunologie, das von den bisher herausgegebenen Annual Review of Biochemistry und Annual Review of Microbiology nur teilweise befriedigt werden konnte, soll die neue Serie erfüllen. Vorangestellt ist ein sehr lesenswerter Essay des bekannten Immunchemikers ELVIN A. KABAT („Getting started 50 years ago ...“), in dem er über seine persönlichen Erinnerungen und Eindrücke aus den Anfängen der Immunchemie berichtet.

In den 21 wissenschaftlichen Kapiteln von durchschnittlich 30 Seiten Länge werden insbesondere Themen zur zellulären Immunität (7 Kapitel über T-Zellen und ihre Funktionen), zu den Immunglobulinen und ihrer Genetik (5) und zu den Histokompatibilitäts-Antigenen (3) behandelt. Weitere Abschnitte befassen sich z.B. mit den Mediatoren der Entzündung, Autoimmunität, Malaria *etc.* Es erscheint kaum notwendig zu betonen, daß die Kapitel von Experten dieser Gebiete behandelt werden und die neueste Literatur (bis einschließlich 1982) berücksichtigen.

Insgesamt ist der Band allen, die an den Fortschritten der Immunologie interessiert sind, sehr zu empfehlen, und man darf auf die weiteren Bände dieser Serie gespannt sein.

M. WAGNER (Jena)

D. W. PLANT, N. J. REIMERS and N. D. ZINDER (Editors), Banbury Report 10 — Patenting of Life Forms. XIV + 337 S., 27 Abb. 7 Tab. Cold Spring Harbor 1982. Cold Spring Harbor Laboratory. ISBN 0-87969-209-X.

In den letzten Jahren hat, bedingt durch den raschen Anstieg der biologischen Forschung und vor allem der Gentechnik, die Diskussion über eine rechtliche Absicherung der Forschungsergebnisse weltweit an Bedeutung zugenommen. Entsprechend den Gesetzen der einzelnen Länder waren sehr unterschiedliche Möglichkeiten dieser Form des Rechtsschutzes zu verzeichnen, so daß es schwer ist, die Vielzahl von Varianten zu überblicken. Daher ist es zu begrüßen, daß sich auf Initiative des Cold Spring Harbor-Laboratoriums ein Kreis von Experten zum 10. Banbury-Meeting (18.—21. 10. 1981) traf, um alle anstehenden Fragen dieses Problemkreises zu diskutieren. Der vorliegende Band faßt die wichtigsten Ergebnisse der 6 Sessionen zusammen:

1. Wissenschaftliche Resultate (z.B. Grundlagen zum Patentschutz von Lebensformen, von monoklonalen Antikörpern, *Hybridomas*; Übertragung von Humaninsulingenen in Mäuse; Rekombinantentechnik); 2. Offenes Forum zur Diskussion der wissenschaftlichen Ergebnisse; 3. Rechtsfragen (z.B.: Ein Überblick über das Patentieren von Ergebnissen der Gentechnik; Bedingungen der Europäischen Patent Convention und des BRD-Patentgesetzes unter dem Blickwinkel der Gentechnik; Patentrechte und Biotechnologie; mögliche Mißbräuche der Patentgesetze und deren Verhinderung); 4. Patente und Halbleiterindustrie; 5. Diskussion der Rechtsprobleme; 6. Erfahrungsaustausch zu Revisionen der Patentgesetzgebung in bezug auf die Patentierbarkeit von Lebensformen. Die vertretenen Meinungen sind zwar stark von der lokalen Gesetzgebung geprägt, regen aber zu schöpferischen Diskussionen an, die eine Optimierung der Patentgesetzgebung zum Ziel haben. Die einzelnen Beiträge und Diskussionsprotokolle sind sehr informativ und geben trotz der unterschiedlichen Rechtsvorraussetzungen ein Arbeitsmaterial in die Hand, das in keiner Forschungsstätte fehlen sollte, die sich mit biotechnologischen, gentechnischen und züchterischen Problemen beschäftigt und eine rechtliche Absicherung der Forschungsergebnisse anstrebt.

H.-P. SCHMAUDER (Halle/S.)

Zeitschrift für allgemeine Mikrobiologie 24 (1984) 7, 485—493

(Akademie der Wissenschaften der DDR, Forschungszentrum für Molekularbiologie und Medizin, Zentralinstitut für Mikrobiologie und experimentelle Therapie, Jena)

Off-line Auswertung fermentationskinetischer Daten: Berechnung phänomenologischer wachstumskinetischer Parameter mit dem Hybridrechenprogramm MYKP-HA

B. Reimann und K. Mund

Herrn Prof. Dr. F. Bergter zum 60. Geburtstag gewidmet

(Eingegangen am 4. 1. 1984)

The computer program MYKP-HA is an off-line program for explanation of microbiological kinetic data, written in the interpretativ dialog language DIWA-HA and using the hybrid-system HRA 7201, which is composed of digital computer KRS 4201 and analogue computer ADT 3000. By use of smoothing cubic spline functions it calculates the phenomenological specific rates μ, k_p, q and the corresponding differential yield coefficients $y_{x/s}$ and $y_{p/s}$ from original data of biomass, substrate and product. Further data are available, e.g. the deviations. A special feature of the explained program is the adaption to users and a wide variety of grafical representations of the different data sets.

Hence it follows its manyfold practicability, but not only for these microbiological applications.

Im Sinne einer rationellen, einheitlichen und umfassenden Auswertung kinetischer mikrobiologischer Meßdaten ist der Einsatz entsprechender off-line Rechenprogramme unumgänglich geworden. Die Aufgabenstellung läßt sich in vielen Fällen auf die Behandlung der Datensätze von Biomasse, Substrat und Produkt zurückführen. Sie versteht sich unter Voraussetzung bestimmter Grundfunktionen als notwendiger Kompromiß prinzipiell konträr gerichteter Anforderungen, etwa die Einfachheit in der Programmbedienung, Programmflexibilität und Nutzung von Sonderfunktionen, die der praktischen operativen Arbeit gerecht werden. Nach mehreren Teillösungen zu diesem Problem ergab sich die Aufgabe, gerade unter Nutzung der vorteilhaften Möglichkeiten unserer Hybridrechenanlage HRA 7201 eine bessere Lösung zur Bearbeitung mikrobiologischer Labordaten vorzustellen. Dies wurde mit dem Programm „MYKP-HA“ unter folgenden Gesichtspunkten erreicht:

— Dem Nutzer fällt praktisch nur noch die Aufgabe der Bereitstellung der Daten zu. Nach Abarbeitung des Programms steht dem Nutzer eine ausführliche Dokumentation über die ausgewerteten kinetischen Zusammenhänge zur Verfügung.
— Infolge der rechnergestützten Programmführung für den Nutzer und Verwendung logischer Schalter am Analogteil der HRA ergibt sich trotz flexibler Programmführung eine große Bedienerfreundlichkeit und Sicherheit in der Bedienung.
— Die Verwendung der interpretativen Dialogsprache „DIWA-HA“ gestattet außer praktisch beliebigen Zugriffen zu Programmteilen und Daten den einfachen Zusatz weiterer Programmteile (z.B. Regression).
— Durch Verwendung der im Glättungsverhalten steuerbaren natürlichen kubischen Splinefunktionen als approximierende Polynome wird ein hinreichend bekanntes Mittel zur Datenglättung verwendet.
— Die grafische Ausgabe wurde auf unsere spezielle HRA-Peripherie abgestimmt: x-y-Schreiber und/oder Speichersichtgerät, wobei unter Wahrung der genannten

Aspekte zwischen Ausgabegeschwindigkeit des Schreibers und grafischer Auflösung zu optimieren war.

— Den Schwerpunkt der off-line-Auswertungen bilden die Glättung, Verknüpfung und Ausgabe dreier zeitabhängiger Datensätze und ihrer zeitlichen Ableitungen sowie in parametrisierter Form gegeneinander. Es können auch simulierte Daten bearbeitet werden, die nur der Glättung unterzogen werden sollen.

Material und Methoden

Zur Berechnung spezifischer Raten, bei denen die zeitlichen Ableitungen benötigt werden, ist es meistens notwendig, durch Datenglättung die aus mikrobiologischen Experimenten stammenden nichtäquidistanten Rohdaten aufzubereiten. Die Datenglättung erscheint legitim, da in jedem Fall mit stochastischen Meßfehlern gerechnet werden muß. Für den Prozeß signifikantes Verhalten sollte allerdings auch in den geglätteten Daten erhalten bleiben.

Damit ist auch prinzipiell der Einsatzfall eines solchen Typs der Datenglättung charakterisiert:

— Komplizierte Modelle, z.B. auch Differentialgleichungssysteme, stehen i.a. noch nicht zur Verfügung. Deshalb ist es gerade die Aufgabe dieser Art der Datenbehandlung zur Modellentwicklung beizutragen, indem wesentliche Merkmale des Verhaltens der Parameter, z.B. $q(\mu)$, entnommen werden.

— Die Entnahme formeller Parameter aus allgemeinen kinetischen Modellen (deren Eignung bei komplexeren Kinetiken sowieso jedesmal fraglich ist) mag zwar im Einzelfall eine einfachere Form der Datenreduktion darstellen, wird aber i.a. hinsichtlich der Bestimmung wachstumskinetischer Parameter keinen Vorteil aufweisen gegenüber geeigneten Glättungsverfahren, wie etwa den glättenden Splinefunktionen, insbesondere wenn z.B. zum Zwecke der grafischen Darstellung eine diesbezügliche Bereitstellung der Daten schon vorliegt, also nur noch eine numerische Ausgabe notwendig ist.

Mit den glättenden kubischen Splinefunktionen verwenden wir eine Familie von Glättungsfunktionen, deren Praktikabilität sich schon ausgewiesen hat, deren Eigenschaften hinlänglich bekannt sind und die deshalb oft angewandt werden. Das ist von anderen speziellen Verfahren digitaler Glättung meist nicht der Fall. Zudem zeigen die einfachen Verfahren digitaler Glättung Probleme bei der Berechnung der zeitlichen Ableitungen und bei der Interpolation zwischen Stützstellen (Thiele 1975).

Bei Spline-Glättungen spielt das meßtechnisch oft schwer erfüllbare Problem der äquidistanten Meßwerte keine Rolle. Die Probleme der Randwerte und der optimalen Glättung stehen natürlich auch hier, diese sind aber bei einiger Erfahrung und bei dem „vernünftigen“ Verhalten biologischer Kinetiken lösbar, so daß sogar „Routineempfehlungen“ und Korrekturmaßnahmen bei typischen Spline-Artefakten möglich sind.

Hinsichtlich optimaler Flexibilität setzen sich vor allem die auch hier verwendeten kubischen Splines durch (Polynome 3. Grades) (Späth 1973, Craven u. Wahba 1977). Es wird dabei festgelegt, daß die Polynome jeweils bis in die vorletzte (hier 2.) Ableitung stetig sein sollen, und die Ableitungen an den Rändern Null gesetzt werden. Sollte dies erheblich im Resultat der digitalen Glättung stören, so lassen Hilfsmaßnahmen (die bei unseren Auswertungen selten benötigt werden) die Vorgabe bestimmter Ableitungen oder Hinzunahme weiterer Werte („Vor- und Nachspann“), wie eine Besserung erreichen: auch hier werden die Hilfsmaßnahmen immer schwerer objektiv ableitbar bzw. begründbar. Der Glättungskoeffizient regelt proportional die zugelassenen Sprünge in der letzten (3.) Ableitung, d. h. ein großer Glättungskoeffizient läßt nach wie vor große Sprünge zu, die Daten werden praktisch nur interpolierend behandelt, die Datenglättung ist vernachlässigbar.

Das Problem besteht also in der Wahl der geeigneten Glättungsparameter für die einzelnen kubischen Polynome. Geglättet wird zwischen Minimum (= Interpolation) bis Maximum (= lineare Regression) im Sinne der Minimierung der Summe der Abweichungsquadrate (Reinsch 1967). Sofern nicht Erfahrungen vorliegen, wird sich kein bestimmter Glättungskoeffizient anbieten (Craven u. Wahba 1977).

Wir greifen daher auf empirisch heuristisch begründete Argumente zurück, die sich zudem rechentechnisch gut realisieren lassen und in deren Ergebnis ein optimaler Glättungskoeffizient gefunden wird: Die Glättung beginnt bei sehr großem Glättungskoeffizienten und schreitet mit einem konstanten Faktor (hier 0,5) weiter bis zum Auftreten des entsprechenden Abbruchkriteriums.

Damit besteht für den Nutzer bzw. Bediener die Möglichkeit der kontrollierten Weiterarbeit.

Nachfolgend werden Hinweise für die Wahl des „optimalen“ Glättungskoeffizienten gegeben. Damit ist verbunden, daß eigentlich alle Datensätze einzeln zu bearbeiten sind und die optimal geglätteten Werte dann erst verknüpft werden (zur Ratenberechnung *etc.*).

Da es „kritische" Glättungsbereiche gibt, in denen eine Änderung des Glättungskoeffizienten besonders stark auf die Datenverschiebung einwirkt, wird der Glättungskoeffizient praktisch oft nach dem empfindlichsten Datensatz gewählt, also der größte Glättungskoeffizient der betreffenden Datensätze, bei dem keine Randbedingungen verletzt werden. Die Resultate geben so oft hinreichende genaue (Vor-)Informationen; der Aufwand bei der „genauen optimalen" Glättung steigt selbstverständlich für den Bediener wesentlich an.

Der Glättungskoeffizient regelt sich nach einer Reihe möglicher Kriterien, von denen die wesentlichsten nachfolgend angeführt werden:

— Vorgegebene gemessene oder relative Fehler oder statistisch ermittelte Konfidenzbereiche der Daten der einzelnen Datengrenzen bestimmter biologischer Parameter:
  z.B. μ_{max} und k_{pmax} hängen von makromolekularen biologischen und Verkettungen chemischer Abläufe ab (Christner 1976).

— Charakteristika der berechneten Kinetiken für die Wahl eines geeigneten Glättungskoeffizienten:
  a) Bei stark schwankenden differentiellen Größen (z.B. Ertragskoeffizienten) ist zu prüfen, ob nicht mit stärkerer Glättung gearbeitet werden kann (siehe Abb. 1c).
  b) Beginnt $\mu(t)$ mit einem fallenden Teil (siehe Abb. 2b), so deutet das auf zu starke Glättung hin.
  c) Prozeßtypische schärfere Knicke dürfen nicht durch die Glättung verfälscht werden (Substratkinetiken): vergleiche die Kinetiken der Biomasse mit verschiedenen Glättungen (Abb. 1a und Abb. 2a).
  d) Auf Grund der begrenzten Bandbreite des gesamten Systems der Datenaufnahme und der Möglichkeit der eindeutigen Zuordnung eines bestimmten Glättungsfaktors zur Bandbreite der als digitale Filter interpretierten glättenden Splinefunktion läßt sich objektiv ein maximaler Glättungskoeffizient angeben, welcher zugleich als Startwert für die Iteration zum optimalen Glättungskoeffizienten dienen kann (Kaiser u. Reed 1977, Reimann, unveröffentl.).

Ergebnisse und Diskussion

Erläuterungen der Programmstruktur und der Bedienung des Programms

Anhand eines Beispiels sollen die Leistung des Programms MYKP-HA und zugleich die Programmbedienung vorgestellt werden.

1. Ablochen der Originaldaten
   Die Originaldaten werden in Blöcken auf Lochstreifen abgelocht. Zu empfehlen ist die Reihenfolge:

   $t_i(X_i), X_i; \quad t_j(S_j), S_j; \quad t_k(P_k), P_k;$

   also jeweils die zugeordneten Zeiten zu den Meßwerten von Biomasse (X), Substrat (S), Produkt (P). Gerechnet wurde hier mit Glucose als Substrat; die Verwendung von Substratdaten z.B. aus Messungen von Stickstoffkonzentrationen, Kohlenstoffgehalt und Abgasanalysewerte (CO_2, O_2) bei Auswertungen von Fermentationsläufen ist gleichfalls möglich, wenn deren kinetische Parameter zu berechnen sind.
2. Datenaufbereitung
   Mit Hilfe eines Unterprogramms können ggf. Zudosierungen von Substraten berücksichtigt werden, um die Verbrauchsraten zu berechnen.
3. Bestimmung der optimalen Glättungskoeffizienten
   Bei der Ermittlung einer optimalen Glättung gemäß obiger Ausführungen zum Spline-Verhalten ist für jeden einzelnen Datensatz festzulegen, mit welchem Glättungskoeffizienten gearbeitet werden kann. Anhand der gegebenen relativen Fehler für die Biomasse X, das Substrat S und der Angaben der Konfidenzintervalle für die Produktwerte arbeitet MYKP-HA erst einmal als Hilfsmittel zur automatischen Suche des optimalen Glättungskoeffizienten. Man beginnt mit der Vorgabe eines sehr großen Glättungskoeffizienten, der sukzessiv verkleinert wird (Faktor 0,5). Dabei wird festgestellt, welche Meßpunkte zuerst und in welcher

Reihenfolge bei zunehmender Glättung die zugelassenen Abweichungen vom Originalwert überschreiten. Daraus wird der „optimale" Glättungskoeffizient abgeschätzt.

Der ermittelte Glättungskoeffizient wird insofern als optimal bezeichnet, als

— er die einzuhaltenden (durch Daten und deren Fehler gegebenen) Grenzen berücksichtigt,
— Überschreitungen der Grenzen während der Glättungsiteration zwar zugelassen werden bei Punkten, an denen zu erkennen ist, daß durch die ausgleichenden Polynomeigenschaften von vornherein mit nur geringer Glättung gearbeitet werden kann und deren Werte nachfolgend wieder einzutragen sind, aber die hinsichtlich des allgemeinen Glättungsverhaltens nicht maßgeblich sein dürfen,
— er bei der Festlegung des Glättungskoeffizienten innerhalb der gewählten Schrittweite der fortschreitenden Glättung bleibt, d. h. es wird im allgemeinen auf eine „genaue" Bestimmung des Glättungskoeffizienten verzichtet, weil ja auch die jeweiligen Grenzen (z.B. Konfidenzintervalle) aus statistischen Berechnungen resultieren.

4. Durch Bedienermanipulation gelangt man dann zu korrigierten Datensätzen, d. h. es werden die so gefundenen geglätteten Werte verwendet, sofern sie nicht die zugelassenen Grenzen überschreiten (eventuell werden auch diese eingesetzt) oder ad hoc bestimmte Werte annehmen müssen (z.B. Randwerte wie $P(o) = 0$).
5. Nach diesen wichtigen Vorarbeiten beginnt mit den nun einzeln optimal geglätteten Datensätzen die eigentliche Arbeit mit dem Programm MYKP-HA. Um eine weitere (unvertretbare) Glättung zu vermeiden, wird im Sinne von interpolierenden Splines mit einem sehr großen Glättungskoeffizienten gearbeitet.

Neben den üblichen Angaben zur Charakterisierung der Datensätze ist die Zeitdifferenz der äquidistant zu berechnenden Werte anzugeben und numerische Ausgaben (Tabellen) sind anwählbar.

Die ausgegebenen Tabellen zeigen die Originaldaten zur Kontrolle und Gesamtprotokollierung des Versuchs, weiterhin liefert die Tabellenausgabe die äquidistanten geglätteten Werte sowie deren Ableitungen ($\dot{X}, \dot{S}, \dot{P}$).

Eine weitere Tabelle listet die phänomenologischen Raten auf. In der Tabelle sind angegeben die Nummer des äquidistanten Splinewertes, die zugehörige Zeit und die phänomenologischen Größen:

1. Spezifische Wachstumsrate $\mu(t) = \frac{\dot{X}(t)}{X(t)}$
2. Differentieller Ertragskoeffizient $-y_{x/s}(t) = -\frac{\dot{X}(t)}{\dot{S}(t)}$
3. Spezifische Substratverbrauchsrate $-q(t) = -\frac{\dot{S}(t)}{X(t)}$
4. Spezifische Produktbildungsrate $k_p(t) = \frac{\dot{P}(t)}{X(t)}$
5. Differentieller Konversionsgrad $-y_{p/s}(t) = -\frac{\dot{P}(t)}{\dot{S}(t)}$

Die phänomenologischen Größen wurden bei der Protokollierung so gewählt, daß $\mu_{\max}$, $-y_{x/s\,\max}$, $-q_{\max}$, $k_{p\max}$ und $-y_{p/s\,\max}$ als positive Werte erscheinen. Diese Werte sollen als Vorinformationen für die nachfolgenden notwendigen Normierungseingaben der grafischen Ausgaben dienen.

6. Zur Eingabe der Maxima für die grafischen Darstellungen sowie Abszissen und Ordinateneinteilungen für die Skalierung des Rahmens werden die Maximalwerte

nochmals vorgeschlagen, die endgültige Normierung und Skalierung von Abszisse und Ordinate gibt der Bediener ein. Treten negative oder Werte größer als der angegebene Normierungswert auf, so werden grafisch der Wert Null bzw. der Maximalwert ausgegegeben.

Unter Benutzung der logischen Schalter am Analogrechner lassen sich folgende Programmspezifikationen für eine grafische Ausgabe anwählen:

— Zuordnung der darzustellenden Größen:
die oben angeführten Größen Zeit, X, S, P, μ, $-Y_{x/s}$, $-q$, k_p, $-y_{p/s}$, $\dot{X}$, $\dot{S}$, $\dot{P}$ lassen sich hinsichtlich der Zuordnung Abszisse-Ordinate beliebig kombinieren, so daß auch Phasenporträts hergestellt werden können.

— Steuerung des Programmablaufs und der Datenbearbeitung:
Übernahme neuer Datensätze für die grafische Ausgabe, Eingaben neuer Normierungen und Skalierungen für die grafischen Darstellungen, Wiederholung von Ausgaben und Programmabbruch.

Berechnet und dargestellt wurden als Beispiel Daten eines Antibioticafermentationslaufes von 140 Std. mit den Größen Bio-

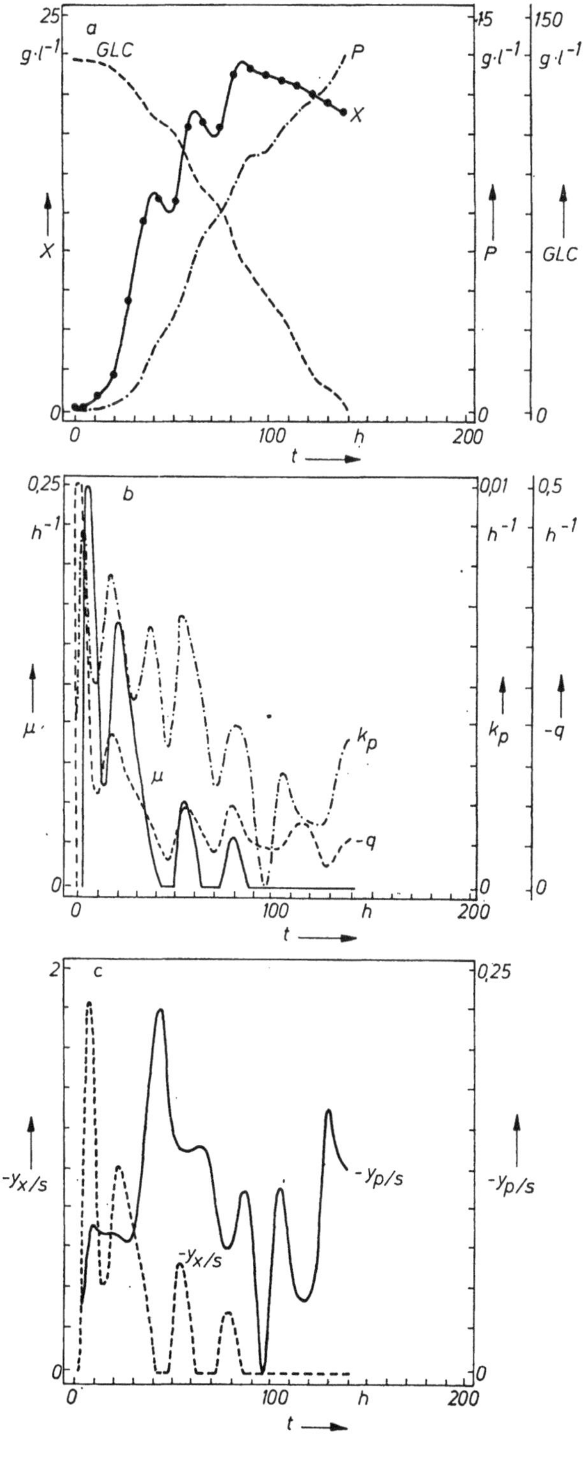

Abb. 1a
Originaldaten der Fermentation (●) ausgeglichen mit interpolierenden Splines, entnommen der Arbeit PEISSKER *et al.* (1984); b Zu Abbildung 1a gehörige spezifische Raten; c Zu Abbildung 1a gehörige berechnete Ertragskoeffizienten

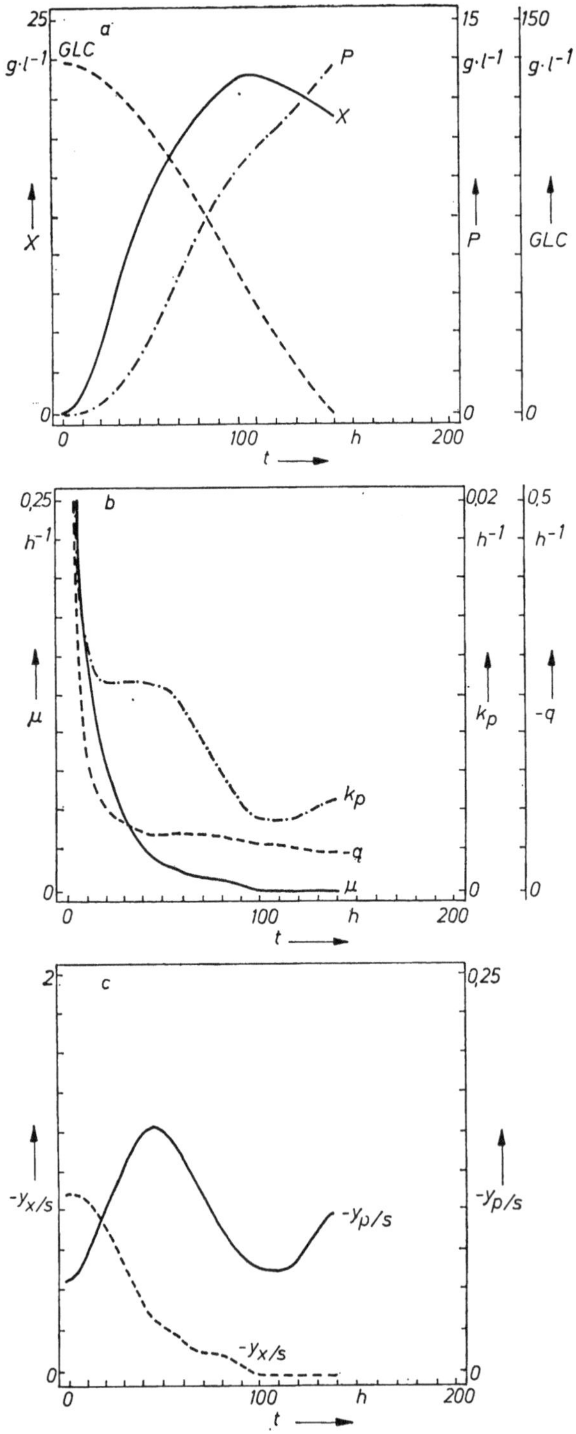

Abb. 2a
Stark geglättete Fermentationsdaten der Abbildung 1a; b Zugehörige berechnete spezifische Raten; c Zugehörige berechnete Ertragskoeffizienten

masse (X), Glucose als Substrat (S) und einem Antibioticum als Produkt (P).

Der Glättungskoeffizient in Abbildung 1a beträgt 10^5, das bedeutet praktisch keine Glättung. Die berechneten spezifischen Raten zeigen große Schwankungen, die Wachstumsrate μ beginnt mit einem niedrigen Wert, steigt über ein Maximum und geht gegen Null. Die untere Begrenzung der Darstellung ist immer Null, negative Werte werden in dieser Form der grafischen Ausgabe abgeschnitten.

Abbildung 2a zeigt den gleichen Fermentationslauf, berechnet mit dem Glättungskoeffizienten 10^{-3}, also ganz starker Glättung. Die Schwankungen in den Kurvenverläufen sind eliminiert, es ergeben sich für die spezifischen Raten sehr glatte und aussagearme Kurvenverläufe, μ beginnt mit einem sehr hohen Wert und fällt monoton stetig ab. Diese Aussage ist ein Hinweis auf zu starke Glättung, das gleiche gilt auch für die anderen berechneten Daten, z.B. $-y_{p/s\max}$ erschien infolge der zu starken Glättung nur mit rund 2/3 des Wertes, der bei „zulässigen" Glättungen auftritt.

Entsprechend des angegebenen Weges zur Erstellung einer vorteilhaften Glättung ("optimalen") ergeben sich folgende Glättungskoeffizienten:

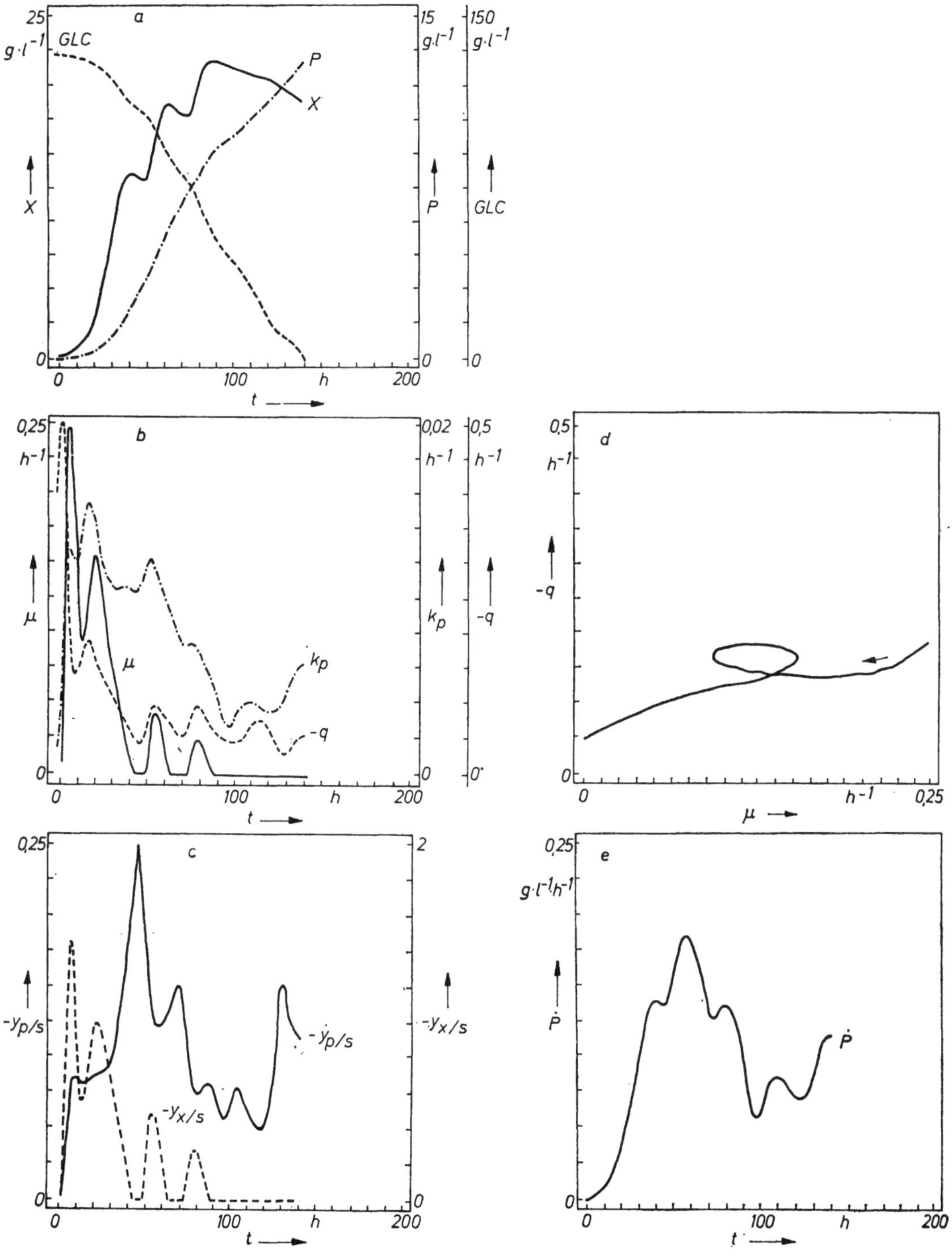

Abb. 3a

„Optimal“ geglättete Fermentationsdaten der Abbildung 1a. b Zugehörige berechnete spezifische Raten; c Zugehörige berechnete Ertragskoeffizienten; d Darstellung zweier berechneter spezifischer Raten gegeneinander: $-q(\mu)$; e Darstellung einer berechneten differenziellen Größe: $\dot{P}(t)$

2^{-3} für die Biomasse bei einer Abweichung von 13%;
2^{-3} für das Substrat bei einer Abweichung von 4%,
2^{-5} für das Produkt innerhalb des vorgegebenen Konfidenzintervalls.

In Abbildung 3a sind die damit geglätteten Werte von X, S und P ebenso in Abhängigkeit von der Zeit dargestellt. Deutlich sind noch die Schwankungen bei X erkennbar, aber schon ausgeglichener im Vergleich zu Abbildung 1a. Der Verlauf von Substrat und Produkt entspricht eher den empirischen Erwartungen als bei den anderen Abbildungen. In den Darstellungen von μ, k_p und $-q$ in Abbildung 3b sind die einzelnen Phasen des Fermentationsprozesses gut erkennbar. Die spezifische Wachstumsrate μ beginnt mit einem mittleren Wert, steigt über ein Maximum und fällt mit den wachstumsbedingt interpretierbaren Schwankungen. Die „optimale" Glättung mit Spline-Funktionen erhält sogar den lytisch interpretierbaren Abfall von $X(t)$ bzw. ein negatives $\mu(t)$ in den ersten Fermentationsstunden, wie sich grafisch und numerisch ablesen läßt; gerade solcher Spezifika der Kinetiken werden nur komplizierter Modelle gerecht werden können. Es fällt dabei der Unterschied zur zu stark geglätteten Kurve auf. Insbesondere bei der Berechnung von k_p macht sich die Optimierung der Glättung vorteilhaft bemerkbar. Die Darstellungen von $-y_{x/s}$ und $-y_{p/s}$ in Abbildung 3c zeigen deutlich für $-y_{p/s}$ die relativ starke Glättung der Originaldaten für P, die der Berechnung von $-y_{p/s}$ zugrunde liegen, im Gegensatz zur ungeglätteten $-y_{ps}$-Kurve.

Um die vielen Kombinationsmöglichkeiten zwischen den einzelnen Datensätzen und auch den abgeleiteten Größen zu demonstrieren, wurde in Abbildung 3d die Funktion $-q(\mu)$ dargestellt.

Die Produktbildungsgeschwindigkeit $\dot{P}(t)$ ist in Abbildung 3e dargestellt: Der Verlauf mit mehreren lokalen Maxima ist für einen Fermentationslauf typisch, wobei durch die interpolierenden Eigenschaften der Splines eine hinreichend genaue Bestimmung dieser Maxima möglich ist ($\dot{P} = \max$ bei $t = 59\ \text{h} \pm 2\ \text{h}$).

Schlußfolgerungen

Als Resumé unserer Erfahrungen im Umgang mit MYKP-HA lassen sich unter verschiedenen Gesichtspunkten nachfolgende Feststellungen treffen:

1. Das Programm MYKP-HA erfüllt alle bisherigen Anforderungen bei der off-line-Auswertung von mikrobiologischen Labordaten auf Grund der relativ einfachen und komfortablen Bedienung trotz der flexiblen Dialogstruktur und blockorientierter Sonderprogrammtechnik. Dadurch erübrigen sich Programme, die nur Teile dieser Auswertung bearbeiten.
2. Im Falle der Datenglättung und Bestimmung wachstumskinetischer Parameter bei mehreren phänomenologischen unkorrelierten Kinetiken und ohne genaue Modellvorstellungen erscheint der Einsatz von Algorithmen wie in MYKP-HA ein optimaler und sicherer Weg zu sein, wie gerade die hier angeführten Beispiele der Auswertung von Fermentationsläufen zeigen: nicht nur differentielle phänomenologische Größen werden errechnet, sondern auch die häufig interessierenden Extrema dieser Größen werden bereitgestellt, auch und insbesondere in grafischer Form.
3. Die verfügbaren Sonderprogramme zur Einbeziehung von diskontinuierlichen Substrat-Dosierungen in die Subtsrat-Kinetik, zur Datenaufbereitung (Fehlergrenzen) und -Korrektur und zur Unterstützung beim Aufsuchen des optimalen Glättungskoeffizienten bilden einen Grundstock für den Bediener und sind unterstützt durch die Dialogsprache DIWA-HA einfach aktuell erweiterbar.
4. Die glättenden Spline-Funktionen in Verbindung mit den bereitgestellten software-Routinen gestatten nach einer kurzen Einführungsphase eine komplikations-

lose Datenbearbeitung im Routinebetrieb. Die interaktive Datenbearbeitung zwischen Rechnerprogrammen mit Spline-Funktionen und Programmnutzer sollte Gewähr dafür bieten, daß Artefakte der Splines nicht auftreten und zudem weitgehend kinetische Spezifika erhalten bleiben, zugleich aber subjektive Methoden der „Datenglättung" unnötig werden.

Literatur

CHRISTNER, A., 1976. Spezifische Produktbildungsraten von mikrobiellen Produktbildnern. Z. allg. Mikrobiol., **16**, 157–172.

CRAVEN, P. and WAHBA, G., 1977. Smoothing noisy data with spline functions: Estimating the correct degree of smoothing by the method of generalized cross-validation. Techn. Report **445**, University of Wisconsin.

KAISER, J. F. and REED, W. A., 1977. Data smoothing using low pass. Rev. Sci. Instr., **48**, 1447.

PEISSKER, M., GUTHKE, R., NEUBERT, M. and KNORRE, W. A., 1984. Model aided dynamic process analysis and optimization for an antibiotic fermentation. Z. allg. Mikrobiol., **24**, 467–477.

REINSCH, CHR. H., 1967. Smoothing by spline functions. Numer. Mathematik, **10**, 177.

SPÄTH, H., 1973. Algorithmen für elementare Ausgleichsmodelle. R. Oldenburg Verlag München, Wien.

THIELE, H., 1975. Zur Glättung von Beobachtungsreihen mit Spline-Funktionen. Biom. Z., **17**, 415–430.

Anschrift: Dr. B. REIMANN, Zentralinstitut für Mikrobiologie und experimentelle Therapie der AdW, DDR-6900 Jena, Beutenbergstr. 11

Buchbesprechungen

H. J. Rehm and G. Reed (Editors), Biotechnology, Volume III: Biomass, Microorganisms for Special Applications, Microbial Products I, Energy from Renewable Resources (Volume-Editor: D. Dellweg). XIX + 642 S., 190 Abb., 205 Tab. Weinheim—Deerfield Beach/Florida—Basel 1983. Verlag Chemie. DM 495,00.

Der dritte Band dieser wohl bisher umfassendsten 8bändigen Gesamtdarstellung der Biotechnologie als einer interdisziplinär expandierenden Wissenschaft enthält lexikalische Informationen zu den Teilgebieten mikrobielle Biomasseproduktion, spezielle Leistungen von Mikroorganismen und Produktsynthesen. Im Rahmen des ersten Schwerpunktes finden sich detaillierte Angaben zur Herstellung von Einzellerprotein auf der Basis von Kohlenhydraten, *n*-Alkanen, Methan und Methanol ebenso wie Kapitel über die Kultivierung von Mikroalgen und Speisepilzen. Teil 2 betrifft mikrobielle Starterkulturen für Verfahren zur Milch- und Fleischverarbeitung, zum Einsatz im Pflanzenschutz und bei der Erhöhung der Bodenfruchtbarkeit sowie die Produktion mikrobieller Insekticide. Im Teil 3 werden die Ethanolproduktion aus monomeren und komplexen C-Quellen, die Bildung von Citronensäure, Gluconsäure, Milchsäure, Aminosäuren, extrazellulären Polysacchariden und oberflächenaktiven Stoffen durch entsprechende Mikroben behandelt. Das letzte Kapitel referiert ausführlich über die Perspektiven der biotechnologischen Energieproduktion aus regenerierbaren Ressourcen. Was auch diesen Band auszeichnet, ist neben umfangreichen Literaturangaben, die vermittelte Breite des Wissens, die sowohl biologische und biochemische als auch technologische und ökonomische Probleme tangiert, und die das Buch als Lehrbuchmaterial und Nachschlagewerk gleichermaßen empfiehlt. U. Gräfe (Jena)

H. J. Rogers, Bacterial Cell Structure (Aspects of Microbiology 6). VI + 90 S., 39 Abb., 16 Tab. Washington 1983. American Society for Microbiology. $ 12.00. ISBN0-914826-51-4.

In der vorliegenden Nr. 6 der Reihe „Aspects of Microbiology“ hat ein durch seine hervorragende Forschungs- und Publikationstätigkeit bekannter Autor das sehr umfangreiche Gebiet der Zellstruktur der Bakterien in kurzer, übersichtlicher Form dargestellt. Er tut dies in 4 Kapiteln: Zellwände (22 S.), Membranen (25 S.), Kernmaterial und Cytoplasma (15 S.) und bakterielle Anhängsel (appendages, 16 S.). Sie werden ergänzt durch eine Einleitung, eine Zusammenfassung, Erklärung von 54 Sachworten und einen Index. Am Ende jedes Kapitels finden sich Hinweise auf jeweils 9—11 Literaturstellen. Es werden bewußt nur diejenigen strukturellen Komponenten behandelt, die in allen oder sehr vielen Bakterienarten vorliegen. Das Anliegen der „Aspects“, „to bring the students to the heart of the science“, ist hier sehr gut gelungen. Die nicht leichte Beschränkung auf das Wesentliche, eine Darstellung der biochemischen und z. T. genetischen Grundlagen der Strukturen bei gleichzeitiger Diskussion funktioneller Aspekte, Hinweise auf ungelöste Fragen und Schwerpunkte zukünftiger Forschung, sowie die klare Darstellung und gute Lesbarkeit machen das Büchlein sicher nicht nur für den Studenten sondern auch für fortgeschrittene Mikrobiologen zu einer interessanten und nützlichen Lektüre. J. Gumpert (Jena)

Zeitschrift für allgemeine Mikrobiologie 24 (1984) 7, 495—503

(Akademie der Wissenschaften der DDR, Forschungszentrum für Molekularbiologie und Medizin, Zentralinstitut für Mikrobiologie und experimentelle Therapie, Jena)

Optimization of near ultraviolet irradiation conditions for isolation of relaxed mutants of *Escherichia coli*

D. RIESENBERG and H. LANG

Dedicated to Prof. Dr. F. BERGTER on the occasion of his 60th birthday

(Eingegangen am 2. 1. 1984)

We describe optimized conditions for isolation of relaxed mutants of bacteria with 4-thiouridine-containing tRNAs. The results presented here imply that besides the knowledge of the action spectra for near UV-induced growth inhibition of stringent and relaxed cells the fluence — fluence rate dependence of growth inhibition is an essential factor for optimizing the enrichment of relaxed mutants. We investigated systematically the dependence of growth inhibition of both stringent and relaxed strains of *E. coli* on the wavelength λ, on the fluence F and on the fluence rate I within the ranges $\lambda = 301 - 365$ nm, $F = 0 - 48\ \mathrm{kJ \cdot m^{-2}}$ and $I = 0 - 60\ \mathrm{W \cdot m^{-2}}$. The optimized conditions for selection of relaxed mutants of *E. coli* are

$\lambda = 334$ nm, $F = 48\ \mathrm{kJ \cdot m^{-2}}$ and $I = 60\ \mathrm{W \cdot m^{-2}}$.

These optimized parameters determined for *E. coli* may be used in general to select relaxed mutants of other bacterial species by combining the turbidostat technique with near UV irradiation (RIESENBERG *et al.* 1983).

For several years we have been studying the regulation of growth of the mycelium-forming bacterium *Streptomyces hygroscopicus* (BERGTER 1978, 1983, RIESENBERG and BERGTER 1979, RIESENBERG *et al.* 1979, 1984, BERGTER and RIESENBERG 1982). After amino acid starvation *S. hygroscopicus* accumulates guanosine-5'-diphosphate-3'-diphosphate (ppGpp) as it was first found for *E. coli* (CASHEL and GALLANT 1969) and subsequently for other bacterial species as well. Derivatives of stringent strains impaired in ppGpp synthesis are known as relaxed mutants. Comparative studies with stringent and relaxed strains of *E. coli* improved considerably the knowledge about regulation of growth. Accordingly, relaxed mutants of other bacteria like *Bacillus subtilis* (SWANTON and EDLIN 1972), *Salmonella typhimurium* (STEPHENS *et al.* 1975) and *Klebsiella pneumoniae* (RIESENBERG and KARI 1981) were isolated. But, isolation of a relaxed mutant of a *Streptomyces* strain has not yet been reported. This is probably due to the fact that the methods developed for isolation of relaxed mutants of unicellular bacteria cannot be applied to mycelium-forming procaryotes (RIESENBERG and BERGTER 1984). The lack of such a mutant prompted us to develop a new strategy for the isolation of relaxed *Streptomyces* mutants by combining the turbidostat technique and near UV irradiation (RIESENBERG *et al.* 1983). This seemed to be the method of choice. The chemostat technique cannot be used to isolate relaxed mutants because in mixed cultures relaxed cells are overgrown by stringent cells (RIESENBERG and BERGTER 1984).

Near UV irradiation (300—400 nm) is known to induce a temporary inhibition of growth of *E. coli* (JAGGER *et al.* 1964) by photochemical crosslinking of 4-thiouridine in position 8 with cytidine in position 13 in 4-thiouridine-containing tRNAs (THOMAS and FAVRE 1975 and 1980, RAMABHADRAN *et al.* 1976). The photochemical alteration of tRNA causes a loss of its binding capacity to amino acids (YANIV *et al.* 1971). Thus, near UV irradiation simulates amino acid starvation. Consequently, ppGpp accumulates in stringent cells. The net synthesis of RNA is sharply reduced after near UV irradiation, whereas the effects on DNA and protein are milder (RAMABHADRAN 1975). In contrast, relaxed mutants continue their synthesis of RNA, DNA and protein after near UV irradiation (RAMABHADRAN and JAGGER 1976). Although the degree of near UV damage in the tRNAs of relaxed strain is the same as in the stringent one the former can restore growth more rapidly due to the faster dilution of damaged tRNAs (RAMABHADRAN and JAGGER 1976).

RAMABHADRAN (1976) took advantage of the difference in near UV-induced growth delay between a relaxed strain (NC 52, *relA*$^-$) and a stringent strain (ATCC 12407, *relA*$^+$) to isolate relaxed mutants of *E. coli*. He used broad band near UV light (λ = 300–380 nm) with a fluence rate $I = 35\ \mathrm{W \cdot m^{-2}}$ and a fluence $F = 30\ \mathrm{kJ \cdot m^{-2}}$.

Two facts led us to assume that the irradiation conditions used could be improved: First, irradiation with monochromatic light in the range $325 < \lambda < 345$ nm should be more efficient than broad band near UV since the action spectrum of 4-thiouridine shows a maximum at 334 nm (RAMABHADRAN 1975, THOMAS and FAVRE 1975). Second, we have found that in the case of near UV-induced growth inhibition the BUNSEN-ROSCOE-law also known as the reciprocity law (that means, the total applied fluence produces the same response, regardless of fluence rate) has only a limited validity. When irradiation is carried out at the wavelength $\lambda = 334$ nm and a fluence $F = 50\ \mathrm{kJ \cdot m^{-2}}$ the law applies at fluence rates above $40\ \mathrm{W \cdot m^{-2}}$ but it is no longer valid within the range $0 < I < 40\ \mathrm{W \cdot m^{-2}}$ (LANG *et al.*, manuscript in preparation). This range is normally used for biological irradiation experiments.

In order to optimize the conditions of near UV irradiation for the isolation of relaxed mutants of *E. coli* we investigated the dependences of the extent of growth inhibition of both stringent and relaxed strains on the wavelength in the range of 300–370 nm, on the fluence rate between 5 to 60 $\mathrm{W \cdot m^{-2}}$ and on the fluence between 0 and 50 $\mathrm{kJ \cdot m^{-2}}$. Based on these results we suggest that the optimized conditions for the isolation of relaxed derivatives of *E. coli* should be successfully applicable to isolate relaxed mutants of other bacterial species, e.g. *Streptomyces sp.*

Materials and methods

Bacterial strains: *Escherichia coli* B/r ATCC 12407 *lac*$^+$*rel*$^+$ and *Escherichia coli* B/r NC 52 *lac*$^-$-*rel*$^-$*val*S^{ts} were obtained from Professor JAGGER (University of Texas, Dallas, USA) and used throughout this study.

Medium: Cells were maintained on M9-agar and cultivated in M9-medium as described by LACKCHAURA and JAGGER (1972).

Culture conditions: 50 ml precultures were grown exponentially overnight in reciprocally shaken flasks (FERNBACH-Kolben) at 28 °C until an optical density of $\mathrm{OD}_{1\,\mathrm{cm}}^{470\,\mathrm{nm}} = 0.3$ was reached. The growth of precultures was followed by measuring the optical density with a spectrophotometer "SPEKOL-EK5" from VEB CARL ZEISS, Jena. For irradiation 1.7 ml of the bacterial culture (OD = 0.3) were pipetted into a sterilized 1-cm-quartz-cuvette which was immediately placed in a water-jacketed cuvette holder connected to a constant-temperature waterbath at 28 °C. Two injection needles which were put through the rubber sealing the cuvette served for input of air to guarantee aeration and mixing of the culture and for output of used air. After irradiation the culture was diluted with 3 ml prewarmed medium and transferred to a glass tube (13 mm internal diameter) which carried a right-angled side arm to prevent spills of the medium during further cultivation by shaking in the waterbath. Growth of the irradiated culture in the glass tube was monitored by simply placing the glass tube from time to time in the spectrophotometer "SPEKOL-TR" and measuring the intensity of light scattered by the culture at an angle of 45° ($I_{\vartheta=45°}$). After irradiation the growth of *E. coli rel*$^+$ and *E. coli rel*$^-$ was followed until both strains had returned to exponential growth with the same specific growth rate. Therefore, several dilutions of the cultures were sometimes necessary since $I_{\vartheta=45°}$ reflects the cell concentration only in a limited range (5 to 80 units, *i.e.* a period of about four doublings).

Irradiation conditions: A 2.5 kW mercury-xenon lamp (Hanovia, USA) was used as a UV-light source. The lamp was installed in a special lamp-box. The emitted light was collected with a quartz lens and passed through a 10 cm BÄCKSTRÖM filter. With a second quartz lens the light beam was focused at the entrance of a BAUSCH & LOMB high intensity monochromator (Model 33-86-75). By an accessory lens the exit light image was projected on to the 1-cm-quartz-cuvette. Fluence rates were measured with an actinometrically calibrated vacuum thermopile VTh 20 (ZOS, Abt. Strahlungsempfänger, Jena).

Statistical analysis: Regression lines were calculated according to SACHS (1972).

Results

Dependence of near UV-induced growth inhibition of stringent and relaxed E. coli strains on the wavelength

In order to find out the distinct wavelength λ in the near UV range ($\lambda = 300-400$ nm) which resulted in no or only mild inhibition of growth of the relaxed strain but strong inhibition of growth of the stringent strain the cultures were irradiated at 301 nm, 313 nm, 320 nm, 334 nm, 340 nm, 352 nm and 365 nm, respectively. The totally applied fluence F was 33 kJ · m^{-2} and thus very similar to the conditions used by RAMABHADRAN (1976) for isolation of relaxed cells ($F = 30$ kJ · m^{-2}). Fig. 1 and Fig. 2 show the growth of exponentially pregrown cultures of the stringent and the

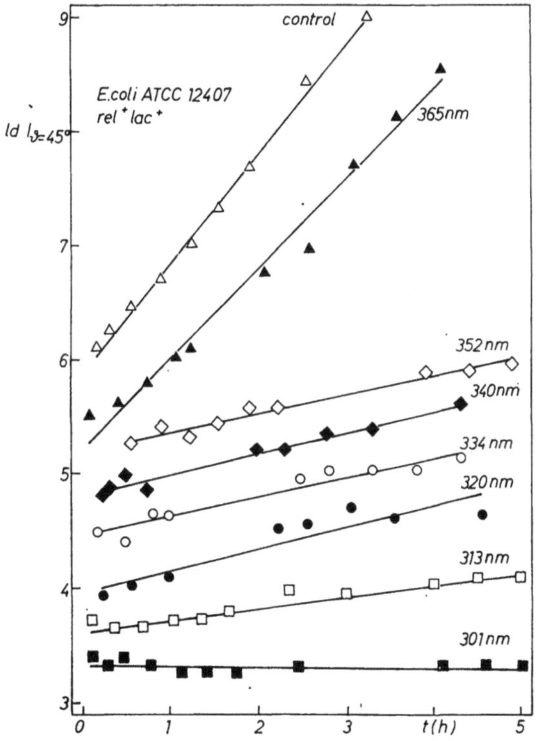

Fig. 1

Growth of *E. coli* B/r ATCC 12407 *rel⁺lac⁺* after irradiation with monochromatic light at different wavelengths λ (nm) but constant fluence $F = 30$ kJ · m^{-2}

The values of the intensity of scattered light at an angle of 45° ($I_{\vartheta=45°}$) are shown in semilogarithmic scale. For well-ordered arrangement the curves were displaced. The initial values of $I_{\vartheta=45°}$ correspond to an $OD_{1cm}^{470nm} = 0.3$. The solid line of each curve represents the regression line calculated. Irradiation was started at the time $t = 0$ h

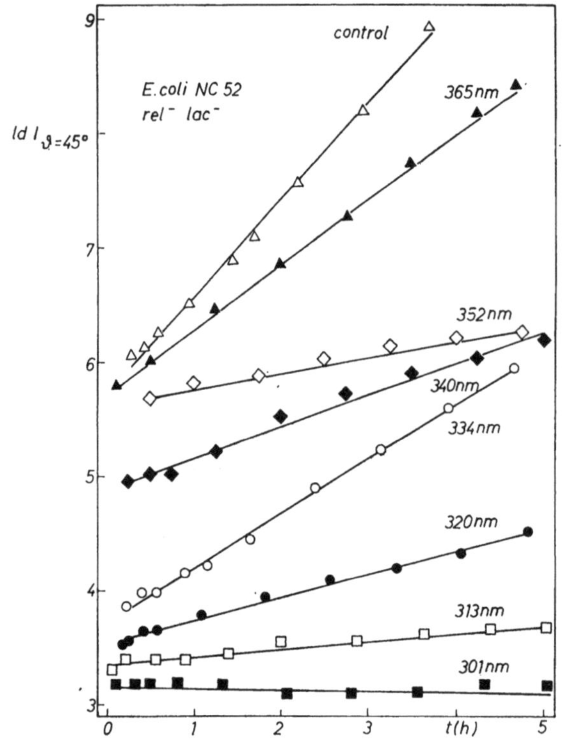

Fig. 2
Growth of *E. coli* B/r NC 52 *rel⁻lac⁻valS*^{ts} after irradiation with monochromatic light at different wavelengths λ (nm) but constant fluence $F = 30\ \mathrm{kJ} \cdot \mathrm{m}^{-1}$. For additional explanations see legend of Fig. 1

relaxed strain after irradiation begin. Only irradiation with monochromatic light at $\lambda = 334$ nm and $\lambda = 340$ nm resulted in considerably more pronounced inhibition of growth of the stringent strain in comparison to that of the relaxed strain. After irradiation the cultures grew exponentially but at lower rates as shown by the regression lines in Figs. 1 and 2. Therefore, the extent of growth inhibition could be quantified by the ratio $\mu \cdot \mu_{\max}$, where $\mu_{\max}{}^{-1}$ was the specific growth rate of the unirradiated control culture and μ represented the specific growth rates of irradiated cultures calculated according to the relation $\mu = \varrho \cdot \ln 2$. The slope of the regression lines — ϱ — was determined by the following equation:

$$\varrho = (\mathrm{ld}\ (I_{\vartheta=45°})t_{i+1} - \mathrm{ld}\ (I_{\vartheta=45°})_{ti}) \cdot (t_{i+1} - t_i)^{-1}\ .$$

Fig. 3 illustrates the dependence of $\mu \cdot \mu_{\max}{}^{-1}$ on the wavelength λ for both strains in the action spectra. It was very striking that the difference in growth inhibition between the relaxed and the stringent strain showed a maximum at $\lambda = 334$ nm. Therefore, monochromatic light at $\lambda = 334$ nm will favour the enrichment of relaxed mutants mostly.

Dependence of enrichment of relaxed mutants on fluence and fluence rate

Exponentially growing cultures of both the relaxed and the stringent strain were irradiated with monochromatic UV light at the optimum wavelength of $\lambda = 334$ nm

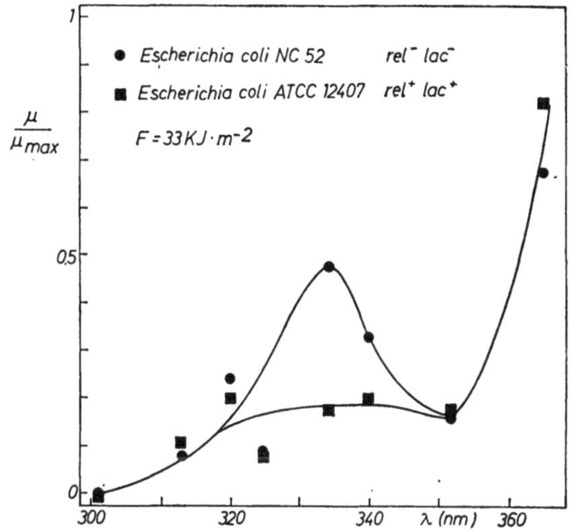

Fig. 3
Comparison between stringent *E. coli* strain ATCC 12407 and relaxed *E. coli* strain NC 52 regarding the dependence of growth inhibition $\mu \cdot {\mu_{max}}^{-1}$ on the wavelength λ.
The specific growth rates of the irradiated cultures (μ) and the specific growth rate of the unirradiated control culture (μ_{max}) were calculated from the slopes of the regression lines (see equation in Results)

with different fluence rates I and fluences F varying from $0 \leqq I \leqq 60$ W · m⁻² and $0 \leqq F \leqq 48$ kJ · m⁻². The growth of the cultures was followed until it was completely restored (see Fig. 4). From the growth curves the extent of enrichment V was derived and defined as the number of cell doublings given by the difference between the number of cell doublings of the relaxed strain and the number of cell doublings of the stringent strain after complete restoration of growth after irradiation. The dependence of V on F at different I is plotted in Fig. 5. The enrichment was most efficient at $F = 48$ kJ · m⁻² and $I = 60$ W · m⁻². It was, however, also efficient at $F = 32$kJ · m⁻² and $I = 10$ W · m⁻². The dependence of V on F irrespective of the applied fluence rate I was rather complicated and showed sometimes two maxima.

Discussion

In previous work (Ramabhadran 1976) it was shown that irradiation of an exponentially growing *E. coli* culture with near UV light and a fluence of $F = 30$ kJ · m⁻² at a fluence rate of $I = 35$ W · m⁻² resulted in a transient inhibition of growth which was more pronounced in stringent strain than in relaxed strain. Therefore, irradiation of cell cultures with near UV light was applied to isolate relaxed mutants (Ramabhadran 1976). Unfortunately, neither monochromatic UV light nor the fluence-fluence rate dependence was taken into consideration. Our results present clear cut evidence that the near UV light induced growth inhibition of both stringent and relaxed cells strongly depended on the wavelength of the UV light, its fluence rate I, as well as the applied fluence F. According to the optimized conditions (Figs. 3 and 5) near UV irradiation at a wavelength of 334 nm resulted in a significant enrichment of relaxed cells. The optimized conditions allowed an enrichment of relaxed mutants which was about three times higher than that obtained by the procedure of Ramabhadran

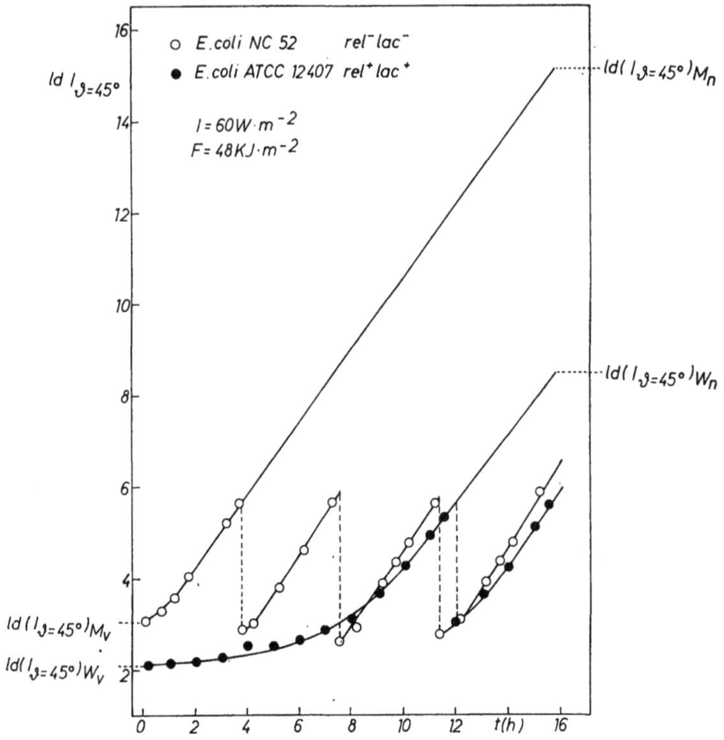

Fig. 4
Growth of *E. coli* B/r ATCC 12407 *rel*$^+$*lac*$^+$ and *E. coli* B/r NC 52 *rel*$^-$*lac*$^-$*vals*S^{ts} after irradiation with the following parameters. $\lambda = 334$ nm, $I = 60$ W $\cdot$ m^{-2} and $F = 48$ kJ $\cdot$ m^{-2}. Growth was followed until complete restoration of growth at about $t \approx 15$ h.
The values of the intensity of scattered light at an angle of 45° ($I_{\vartheta=45°}$) are shown in semilogarithmic plot. Since linearity between cell concentration and $I_{\vartheta=45°}$ exists only in a limited range (see Materials and methods) the culture had to be diluted several times as indicated by the broken lines. To determine the enrichment of relaxed mutants (V) the partial growth curves were corrected for dilution and displaced vertically. V was calculated by using the following equation:

$$V = (\mathrm{ld}(I_{\vartheta=45°})_{M_n} - \mathrm{ld}(I_{\vartheta=45°})_{W_n}) - (\mathrm{ld}(I_{\vartheta=45°})_{M_v} - \mathrm{ld}(I_{\vartheta=45°})_{W_v})$$ with:

$(I_{\vartheta=45°})_{M_n}$ = intensity of scattered light of relaxed cell culture after complete restoration of growth,
$(I_{\vartheta=45°})_{M_v}$ = intensity of scattered light of relaxed cell culture after irradiation begin,
$(I_{\vartheta=45°})_{W_n}$ = intensity of scattered light of stringent cell culture after complete restoration of growth,
$(I_{\vartheta=45°})_{W_v}$ = intensity of scattered light of stringent cell culture after irradiation begin

(1976). The higher extent of enrichment (V, see Fig. 5) of relaxed mutants may be attributed to two reasons: First, we used monochromatic UV light according to the action spectra (Fig. 3) at $\lambda = 334$ nm. At this wavelength the difference in growth inhibition was most pronounced between relaxed and stringent cells. The ratio $\mu \cdot \mu_{max}^{-1}$ as a function of the wavelength clearly demonstrated once more the role of 4-thiouridine as the chromophore responsible for the near UV light induced growth inhibition of bacteria since the maximum in the action spectra coincided well with the absorption maximum of this rare nucleoside (THOMAS and FAVRE 1975, RAMABHADRAN

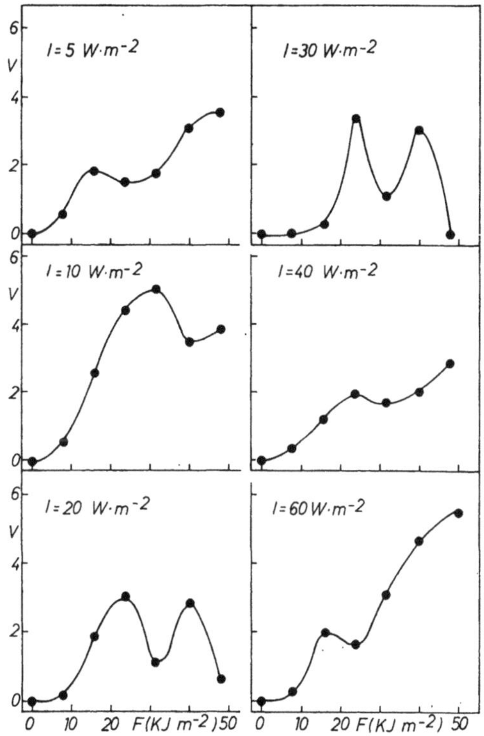

Fig. 5
Dependence of enrichment (V) of relaxed mutants of *E. coli* on fluence (F) and fluence rate (I) at $\lambda = 334$ nm

1975). Sesond, based on our knowledge of the extent of growth inhibition on the fluence and fluence rate we derived optimal irradiation conditions which allowed an additional enrichment effect of relaxed mutants because of the failure of the reciprocity law in the investigated ranges (Lang *et al.*, manuscript in preparation).

Although we are far from complete understanding of the mechanisms for the distinct biological effects of 334 nm UV light in stringent and relaxed strains of *E. coli* at constant fluences but varying fluence rates one hypothesis is that there may be an interrelation between newly synthesized 4-thiouridine-containing tRNAs and their inactivation by 334 nm UV light. In the stringent strain 334 nm UV light caused a transient inhibition of cell growth due to *relA*⁺-dependent ppGpp synthesis and concomitant inhibition of stable RNA synthesis. Since the relaxed strain was impaired in 334 nm UV light induced ppGpp synthesis tRNAs were further synthesized after crosslinking in 4-thiouridine-containing tRNAs. Newly synthesized 4-thiouridine-containing tRNA molecules were also exposed to inactivation due to further irradiation. Synthesis and inactivation of 4-thiouridine-containing tRNAs may be interrelated processes closely connected with the fluence-fluence rate dependent crosslinking of 4-thiouridine in tRNAs. The availability of functional tRNAs in relaxed cells could be governed by its fluence-fluence rate dependent inactivation of both tRNAs existing prior irradiation and tRNAs newly synthesized during irradiation. This may cause the differences (see Fig. 5) in the sensitivities of stringent and relaxed strains to 334 nm UV light.

The optimized conditions for near UV irradiation reported here for *E. coli* may be successfully applied to isolate relaxed mutants of other bacterial species. A prerequisite would, of course, be the occurrence of 4-thiouridine in tRNAs of the bacteria of interest. Since 4-thiouridine occurs not only in tRNAs of *E. coli* (Lipsett 1965) but also in those of *Salmonella typhimurium* (Lipsett 1965) and of *Bacillus subtilis* (Goehler and Doi 1968) one might expect 4-thiouridine-containing tRNAs in other bacterial species, too. If so, by means of optimized parameters, that means action spectra for the differences of the near UV-induced growth inhibition and its fluence-fluence rate dependence, it should be possible to enrich relaxed mutants in an appropriate manner by combining the turbidostat technique with near UV irradiation (Riesenberg *et al.* 1983).

Acknowledgements

The continuous interest and support by Professor Bergter is gratefully acknowledged. We are also indebted to Professor Jagger for providing us with the *E. coli* strains used in this study. The authours would like to thank Mrs. Jutta Günther for excellent technical assistance.

References

Bergter, F., 1978. Kinetic model of mycelial growth. Z. allg. Mikrobiol., **18**, 143–145.
Bergter, F., 1983. Wachstum von Mikroorganismen. Experimente und Modelle. 2. überarbeitete Auflage. VEB Gustav Fischer Verlag, Jena.
Bergter, F. and Riesenberg, D., 1982. Morphological and biochemical properties of *Streptomyces hygroscopicus* grown in chemostat. Folia microbiol., **27**, 303–307.
Cashel, M. and Gallant, J., 1969. Two compounds implicated in the function of the RC gene of *Escherichia coli*. Nature, **221**, 838–841.
Favre, A., Yaniv, M. and Michelson, A. M., 1969. The photochemistry of 4-thiouridine in *Escherichia coli* t-RNA_1^{val}. Biochem. Biophys. Res. Comm., **37**, 266–271.
Favre, A., Michelson, A. M. and Yaniv, M., 1971. Photochemistry of 4-thiouridine in *Escherichia coli* transfer RNA_1^{val}. J. Mol. Biol., **58**, 367–370.
Gallant, J., 1979. Stringent control in *E. coli*. Ann. Rev. Genet., **13**, 393–415.
Goehler, B. and Doi, R. H., 1968. Presence and function of sulfur-containing transfer ribonucleic acid of *Bacillus subtilis*. J. Bacteriol., **95**, 793–800.
Jagger, J., Wise, W. C. and Stafford, R. S., 1964. Delay in growth and division induced by near ultraviolet radiation in *Escherichia coli* B and its role in photoprotection and liquid holding recovery. Photochem. Photobiol., **3**, 11–24.
Lakchaura, B. D. and Jagger, J., 1972. Induction by cyanide, dinitrophenol and trinitrophenol of growth inhibition and recovery from far-ultraviolet killing in *Escherichia coli* B: relationship to photoprotection. Radiat. Res., **49**, 631–646.
Lipsett, M. N., 1965. The isolation of 4-thiouridylic acid from the soluble ribonucleic acid of *Escherichia coli*. J. Biol. Chem., **240**, 3975–3978.
Ramabhadran, T. V., 1975. Effect of near-ultraviolet and violet radiations (313–405 nm) on DNA, RNA and protein synthesis in *E. coli* B/r: implications for growth delay. Photochem. Photobiol., **22**, 117–123.
Ramabhadran, T. V., 1976. Method for the isolation of *Escherichia coli* relaxed mutants, utilizing near-ultraviolet irradiation. J. Bacteriol., **127**, 1587–1589.
Ramabhadran, T. V. and Jagger, J., 1976. Mechanism of growth delay induced in *Escherichia coli* by near ultraviolet radiation. Proc. Nat. Acad. Sci. USA, **73**, 59–63.
Ramabhadran, T. V., Fossum, T. and Jagger, J., 1976. *In vivo* induction of 4-thiouridine-cytidine adducts in tRNA of *E. coli* B/r by near-ultraviolet radiation. Photochem. Photobiol., **23**, 315–321.
Riesenberg, D. and Bergter, F., 1979. Dependence of macromolecular composition and morphology of *Streptomyces hygroscopicus* on specific growth rate. Z. allg. Mikrobiol., **19**, 415–430.
Riesenberg, D., Erdmann, A. and Bergter, F., 1979. Distribution functions of variables characterizing the mycelial morphology of *Streptomyces hygroscopicus* grown in glucose-limited chemostat cultures. Z. allg. Mikrobiol., **19**, 481–487.

RIESENBERG, D. and KARI, C., 1981. Isolation and characterization of prototrophic relaxed mutants of *Klebsiella pneumoniae*. Mol. Gen. Genet., **181**, 476–483.
RIESENBERG, D., LANG, H. und BERGTER, F., 1983. Verfahren zur Anreicherung von relaxed Mutanten einzelliger und mycelbildender Bakterien. DDR-Patent WP C 12 N/2487183.
RIESENBERG, D. and BERGTER, F., 1984. Mixed culture kinetics of stringent and relaxed *Escherichia coli* cells in glucose-limited chemostat. Z. allg. Mikrobiol., **24**, 113–117.
RIESENBERG, D., BERGTER, F. and KARI, C., 1984. Effect of serine hydroxamate and alpha methylglucoside treatment on nucleoside polyphosphate pools, RNA and protein accumulation in *Streptomyces hygroscopicus*. J. Gen. Microbiol., subm.
SACHS, L., 1972. Statistische Auswertmethoden. 3. Auflage. p. 341. Springer Verlag Berlin–Heidelberg–New York.
STEPHENS, J. C., ARTZ, S. W. and AMES, B. N., 1975. Guanosine 5′-diphosphate 3′-diphosphate (ppGpp): Positive effector for histidine operon transcription and general signal for amino acid deficiency. Proc. Nat. Acad. Sci., **72**, 4389–4393.
SWANTON, M. and EDLIN, G., 1972. Isolation and characterization of a RNA relaxed mutant of *B. subtilis*. Biochem. Biophys. Res. Comm., **46**, 583–588.
THOMAS, G. and FAVRE, A., 1975. 4-thiouridine as the target for near-ultraviolet light induced growth delay in *Escherichia coli*. Biochem. Biophys. Res. Comm., **66**, 1454–1461.
THOMAS, G. and FAVRE, A., 1980. 4-thiouridine triggers both growth delay induced by near-ultraviolet light and photoprotection. Eur. J. Biochem., **113**, 67–74.
YANIV, M., FAVRE, A. and BARREL, B. G., 1969. Evidence for interaction between two non-adjacent nucleotide residues in $tRNA_1^{val}$ from *Escherichia coli*. Nature, **223**, 1331–1333.
YANIV, M., CHESTIER, A., CROS, F. and FAVRE, A., 1971. Biological activity of irradiated $tRNA^{val}$ containing a 4-thiouridine-cytosine dimer. J. Mol. Biol., **58**, 381–388.

Mailing address: Dr. D. RIESENBERG, Zentralinstitut für Mikrobiologie und experimentelle Therapie der AdW, DDR-6900 Jena, Beutenbergstr. 11

Buchbesprechungen

J. G. SCHINDLER und M. M. SCHINDLER, Bioelektrochemische Membranelektroden. XI + 340 S., 198 Abb., zahlreiche Tab. Berlin—New York 1983. Walter de Gruyter. DM 180,00. ISBN 3-11-008790-1.

Mit dem Buch „Bioelektrochemische Membranelektroden“ wird von SCHINDLER und SCHINDLER eine Monographie über ein Gebiet vorgelegt, welches in der letzten Zeit beträchtlich an Bedeutung gewonnen hat. Die Ergebnisse der Bioelektrochemie an der Schnittstelle zwischen Medizin, Biologie, Chemie und Physik haben in der Analytik einen großen Fortschritt bewirkt, indem jetzt mittels der entwickelten Sensoren schneller und sicherer Meßdaten gewonnen werden können; bisher waren dazu aufwendige Laborverfahren nötig. Die Autoren gehen einführend auf die physikalisch-chemischen Grundlagen der Meßmethode und der ionenselektiven Elektroden ein. Nach Behandlung der wichtigen Gruppe ionophorer Antibiotica und synthetischer Trägersysteme in einem kurzen Kapitel wird ausführlich auf die Biophysik der Membranen eingegangen, wie es zum Verständnis der komplizierten Vorgänge nötig ist. Eine Vielzahl von Elektrodenkonstruktionen bis hin zu Multimeßsystemen wird eingehend beschrieben. Ein Drittel des Buchtextumfanges ist den Enzym-Elektroden gewidmet, einer Gruppe von Elektroden, die sich in den unterschiedlichsten Einsatzgebieten der Medizin und Biologie immer mehr bewährt.

Generell fällt auf, daß jedem Kapitel umfangreiche Literaturangaben angefügt sind (Literatur bis 1981 berücksichtigt). Meßsysteme und Elektrodenanordnungen sind vielfach in Konstruktionszeichnungen beschrieben, die dem Praktiker das Verständnis sehr erleichtern und zeigen, daß die Autoren intensive Entwicklungsarbeit auf gerätetechnischem Gebiet geleistet haben. Zusammenfassend kann das Buch über „Bioelektrochemische Membranelektroden“ allen analytischen Labors empfohlen werden.

E. BAUER (Jena)

B. SIKYTA, Methods in Industrial Microbiology. 349 S., 164 Abb., 36 Tab. Chichester—New York—Brisbane—Toronto 1983. Ellis Horwood, John Wiley and Sons. £ 35.00. ISBN 0-85312-203-2.

Die industrielle Mikrobiologie befindet sich in rascher Entwicklung und spielt eine wachsende ökonomische Rolle. Deshalb ist das Anliegen des vorliegenden Buches, einen Überblick über die theoretischen Grundlagen und die Methoden dieses Gebietes zu geben, besonders wichtig.

Nach einer allgemeinen Einleitung, in der die Bedeutung, die theoretischen Grundlagen sowie die Perspektiven der industriellen Mikrobiologie angesprochen werden, befassen sich die folgenden 9 Kapitel mit Kultivierungsvorrichtungen für Mikroorganismen, Sterilisation von Medien und Luft, Belüftung und Rührung, Substraten für mikrobielle Prozesse, Kinetik mikrobieller Prozesse, Genetik industrieller Mikroorganismen, Entwicklung und Optimierung mikrobieller Prozesse, Prozeßkontrolle und Isolierung mikrobieller Produkte. Den Kapiteln jeweils zugeordnet sind Literaturzitate, die weiterführende Studien erleichtern. Durch die Ausstattung mit zahlreichen Abbildungen, schematischen Darstellungen und Tabellen werden wertvolle Detailinformationen vermittelt.

Das Buch kann sowohl Mikrobiologen, Lehrenden und Studenten der Mikrobiologie, als auch Spezialisten, die an Problemen der industriellen Mikrobiologie arbeiten, empfohlen werden.

M. ROTH (Jena)

ZEITSCHRIFT FÜR ALLGEMEINE MIKROBIOLOGIE

VOLUME 24 1984 NUMBER 7

CONTENTS

Dynamic model of discontinuous and continuous phaseolotoxin production of ***Pseudomonas syringae*** **pv.** ***phaseolicola***	R. GUTHKE, J. NÜSKE, R. SCHORCHT, W. FRITSCHE and W. A. KNORRE	427
Influence of temperature on growth and L-lysine formation in ***Corynebacterium glutamicum*** **(in German)**	M. HILLIGER, F. HÄNEL and J. MENZ	437
A statistical method for estimation of the yield correlation between laboratory and pilot levels in antibiotic-producing microorganisms (in German)	M. HORN, E. J. BORMANN and M. HARNISCH	443
Evaluation of parameters for growth and product formation of antibiotic fermentations (in German)	W. A. KNORRE and A. ERDMANN	451
Mathematical modelling of genetic segregation kinetics obtained with chemostat cultures of procaryotic microorganisms	D. NOACK, G. MÜLLER and M. ROTH	459
Model aided dynamic process analysis and optimization for nourseothricin fermentations	M. PEISSKER, R. GUTHKE, M. NEUBERT and W. A. KNORRE	467
Application of principles of biological evolution for the optimization of fermentation processes (in German)	R.-D. RECKNAGEL and W. A. KNORRE	479
Off-line evaluation of kinetic fermentation data: Calculation of phenomenological growth kinetic parameters by the hybrid computer program MYKP-HA (in German)	B. REIMANN and K. MUND	485
Optimization of near ultraviolet irratiation conditions for isolation of relaxed mutants of ***Escherichia coli***	D. RIESENBERG and H. LANG	495
Book Reviews	436, 442, 450, 466, 478, 484, 494, 504	

Zeitschrift für allgemeine Mikrobiologie is indexed in Current Contents/Life Sciences, and reviewed by Chemical Abstracts.

Bei Fragen zur Produktsicherheit wenden Sie sich bitte an:
If you have any questions regarding product safety,
please contact:

Walter de Gruyter GmbH
Genthiner Straße 13
10785 Berlin
productsafety@degruyterbrill.com